U0387647

二维设计

铁钟 沈洁 编著

清华大学出版社
北京

内 容 简 介

二维设计由原"三大构成"中的平面构成与色彩构成组成,主要引导学生完成由具象到抽象,再从抽象到具象的设计思维过程,以及在该过程中所涉及的设计方法等诸多问题。本书针对设计初学者,图文并茂、深入浅出地帮助学生理解设计的基础知识。

本书结构清晰、语言流畅、内容翔实,总结了教学与实践过程中的基础设计问题,并加以论述。书中的实例突出实践性,可以作为高等院校设计相关专业的教材使用,同时也适合于广大学习设计的初学者阅读。

图书在版编目(CIP)数据

二维设计 / 铁钟,沈洁编著. —北京:清华大学出版社,2018(2023.8重印)

ISBN 978-7-302-49197-2

Ⅰ.①二… Ⅱ.①铁…②沈…Ⅲ.①二维-动画制作软件-教材 Ⅳ.①TP391.414

中国版本图书馆CIP数据核字(2017)第327974号

责任编辑:陈绿春
封面设计:潘国文
责任校对:胡伟民
责任印制:杨 艳

出版发行:清华大学出版社
　　　　　网址:http://www.tup.com.cn,http://www.wqbook.com
　　　　　地址:北京清华大学学研大厦A座　　　　邮 编:100084
　　　　　社总机:010-83470000　　　　　　　　邮 购:010-62786544
　　　　　投稿与读者服务:010-62776969,c-service@tup.tsinghua.edu.cn
　　　　　质量反馈:010-62772015,zhiliang@tup.tsinghua.edu.cn
　　　　　课件下载:http://www.tup.com.cn,010-83470236
印 装 者:天津鑫丰华印务有限公司
经　　销:全国新华书店
开　　本:170mm×240mm　　　　　印　张:10.25　　　　字　数:190千字
版　　次:2018年5月第1版　　　　　印　次:2023年8月第5次印刷
定　　价:49.50元

产品编号:064415-01

前　言

　　中国设计基础教育在 30 多年的发展历程中，逐渐总结出了适合中国设计教育现状的教学模式。对原有的"三大构成"中的平面构成与色彩构成进行了合并，统称为"二维设计"。这种设计基础教学的模式被大多数设计院校所接受，这其中有多方面的原因。首先是因为课时的分配对于基础课程逐渐减少，早期设计基础课课时较多，所有的学生都需要接受素描、色彩、三大构成等相关基础课程的培训，才能开始专业课程的学习。这主要是由于专业课程细分不够，基础课教师过多等多方面的原因造成的。其次是现行的设计学院本科教学多为二分制教学体制，也就是基础教学和专业教学分开，素描、色彩等课程也不再教授传统的绘画基础，而是转向设计思维的引导性绘画教学。同样，构成教学也将色彩构成分散在二维设计和三维设计的课程中，因为色彩的应用并不能剥离载体而进行单独设计，不同的介质对于色彩设计的要求都是不同的，而立体构成的部分内容，也被融入了部分专业课中。在此基础之上还扩展出了动态构成设计，这是因为设计实践中出现的不同介质导致出现了新的构成模式，其设计方法与传统的构成有所重叠，但也有自己的独特视觉语言形式。

　　全书分为 5 章，内容分别为 CHAPTER 01 概论、CHAPTER 02 基本视觉元素、CHAPTER 03 形式原理与法则、CHAPTER 04 色彩、CHAPTER 05 视觉语言形态应用与表现。前 4 章可按照 48 课时进行讲授，每章 12 课时左右，第 2 章内容较多，读者也可以自行进行调整。第 5 章为综合练习部分，可以作为扩展内容进行学习。

　　本书由上海工程技术大学的铁钟、沈洁编著，由上海市设计学 IV 类高峰学科项目 - 包装文化与品牌研究团队和教材建设项目 J201507002 资助。参与编写的人员还有吴雷、彭凯翔、龚斌杰、刘子璇、雷磊、李建平、王文静、刘跃伟、程姣、赵佳峰、程延丽、万聚生、陶光仁、万里、贾慧军、陈勇杰、赵允龙、刁江丽、王银磊、王科军、司爱荣、王建民、赵朝学、宋振敏、李永增。

铁 钟

2018 年 1 月

目　录

CHAPTER

03

形式原理与法则

TWO
DIMENSIONAL
DESIGN

TWO
DIMENSIONAL
DESIGN

CHAPTER

01

概论

　　"设计不是金钱和权力的附庸，它应是人
类未来不被毁灭的、除科学和艺术之外的
第三种智慧和能力。"柳冠中老师把设计
提升到了一个前所未有的高度。设计不同
于绘画，并不是对于视觉元素的单纯记录
或者情感的视觉化表达，而是人们对于生
活改善的一种原始诉求。设计发展到今天，
已经不再是单纯地对于工具或环境的改善，
而是一种系统性的"物化"理念。在城市
生活的人们几乎很少接触不经过设计的产
品。设计已经是人类生活中不可缺少的一
部分。二维设计作为设计专业的基础课程
是了解和认识设计的起始。

20 世纪 70 年代末,我国的设计教学中引入了"三大构成"的概念,包括平面构成、色彩构成和立体构成。经过多年的发展已经成为各大院校设计基础教学的必修课程。构成艺术本身就是随着技术与观念的发展应运而生的。人们不断地提高对事物与结构的认知,对于视觉的再现也不仅仅满足于简单的重复和复制,对于个人主观意识的加入,更多的是将其打碎重组。这一设计意识被应用在各个艺术范畴。

　　一般意义上的设计构成语言可分为两大类——二维和三维。二维设计囊括了基于二维空间的构成表达形式,通过宏观或微观的方式展现出形态、肌理、节奏、韵律等要素的表达形式,并尝试解决其相互之间的构成规律。通过将不同的元素在二维空间中进行组合,其展现出设计师对于形态的主观认识以及带给受众的影响。三维设计则针对深度空间的形态组合进行拓展,这一概念是针对二维设计提出的,在高与宽的概念上延伸出深度空间的概念,是一种对于体积、空间形体及其相互之间的体量关系所构成的形式语言。作为一名学习设计的学生,对于视觉形象的再次认知都以二维设计为起始。艺术家莫妮卡·葛利兹马拉(Monika Grzymala)使用二维形态的黑色胶带,制作出具有三维视觉效果的装置作品。该作品打破了二维和三维之间的界限,视觉效果相当震撼。

▶ 早期设计教程
20 世纪六七十年代国内使用的基础设计教程

1.1 设计与绘画

　　当一位设计专业的学生进入大学开始学习时，首先要面临的问题就是对于设计的认知。这个问题其实并不复杂，但是对于经过应试教育培养出来的艺术生来说，这是一个观念转变的问题，同样对于有着很好绘画基础的学生来说也是要面对的问题，如何通过设计的角度来进行视觉表达。设计的语言更倾向于一种逻辑性的思维，是造型认知的过程中对于经验的一种总结、对错误的规避、对原理的运用，但设计的过程并不只是一种冷漠的推理，感性与人文的因素也是设计不可或缺的一部分。同样作为对于视觉形态认知的手段，绘画则更倾向于主体的表达，客体产生共鸣的目的已达到，并且这个过程有时需要很长一段时间的沉淀。

　　"设计是包含生活情感和工艺技术的行为过程。"——郑巨欣《设计学概论》。这个过程存在着辩证的关系，在开始学习设计时我们需要扭转对于视觉认知的主观情感表达，受众的接受程度在一定程度上影响了最终设计的结果，对于其中规律性与逻辑性的原理也要进行参照，这在很大程度上限定了设计的表达，正是在这仅有的"空间"中所展现出的更加完美的设计才是每位设计师所追求的目标。所以从开始学习设计时，就需要对于形态的规律以及美感的表达进行学习和归纳，从而形成自己独有的设计风格和理念。

拉奥孔

阿格桑德罗斯

The Laocoon and his Sons
约公元前 1 世纪

1506 年在罗马出土

1.2 包豪斯

二维设计课程来源于传统设计课程——"三大构成"，这包括"平面构成""色彩构成"和"立体构成"。什么是构成？在字典和《辞海》中只是对其字面意义进行了解释。在"百度百科"中已经将其归类为"艺术设计学名词"。"在设计领域，构成是指将一定的形态元素，按照视觉规律、力学原理、心理特性、审美法则进行的创造性的组合。构成是现代词，是一个专有名词，指的是形成、造成。构成作为一门传统学科在艺术设计基础教学中起着非常重要的作用，它是对学生在进入专业学习前的思维启发与观念传导。"这是传统意义上对于"构成"基础课程的认知，对于形态的归纳与重组是学习设计的基础。

◀ 包豪斯宣言

瓦尔特·格罗皮乌斯（Walter Gropius）（文字）

Manifesto and programme of the Staatliches Bauhaus in Weimar

1919 年

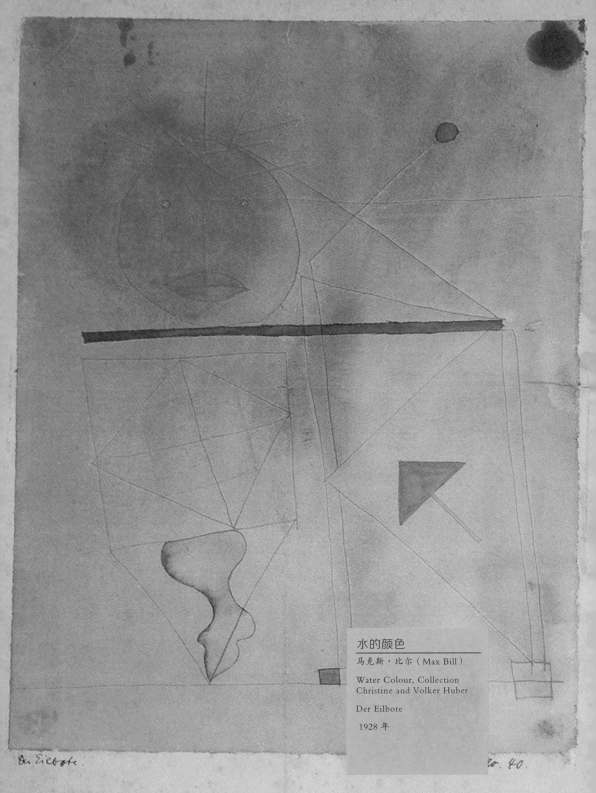

水的颜色

马克斯·比尔（Max Bill）

Water Colour, Collection
Christine and Volker Huber

Der Eilbote

1928 年

台灯

华根·菲尔德（Wilhelm Wagenfeld）

Carl Jakob Jucker

desk lamp ME 1 /MT 9

1923—1924 年

▲ 星条旗

米罗（Miro）

Stars and Stripes

Still life (Digital print)

2015 年

20 世纪 70 年代，内地的设计院校从中国香港和日本引进了"构成"教学的基本内容，而构成主义与包豪斯则是"构成"教学模式形成的基础。这些课程都来源于欧美的基础教学体系，国内早期的工艺美术教育基础课程多以图案为基础，而欧美的设计基础课程已经在包豪斯的基础上经过多年的发展，形成了完整的体系和理念。这些课程都离不开"构成"一词，"构成"在日本也是经过了不断调整才赋予了今天所指代的意义。"构成"（Construction）来源于"构成主义"，而最早包豪斯时期（1919 ～ 1933）使用的 Gestaltung 被日本学者译作"构成"。两种不同译义的源头正是现代设计的起始。

19世纪末，在欧洲发起的"工艺美术"运动旨在恢复手工，反对机械生产。这场运动并没有从根本上解决工业化生产与受众需求之间的矛盾，但是正是该运动带来了现代设计的开端。与此同时，现代艺术流派也在不断发展，维也纳分离派、装饰艺术运动、荷兰风格派，以及俄国至上主义等现代艺术流派也逐渐形成了现代艺术的基调。俄国"构成主义"也是在这一时期发展起来的，1913～1920年构成主义发展到了鼎盛时期。马列维奇否认绘画的语义性、描述性和再现性，提出了要摆脱对自然界的模仿，他将抽象的造型和单纯的色彩融入了自己的视觉语言体系中，他的这一理念对后世的设计发展产生了巨大的影响。

现行的构成教学的概念与构成主义有很大的区别，但是相互之间也是有关联的。现代设计的教学理念都源于包豪斯的影响。这所创办于1919年的学校最早是德国魏玛市的 "公立包豪斯学校"（Staatliches Bauhaus）的简称，后改称"设计学院"（Hochschule für Gestaltung），习惯上仍沿称"包豪斯"。Bauhaus 这个词是由德语动词 bauen 和名词 haus 组合而成的，粗略地理解为"为建筑而设的学校"，反映了其创建者心中的理念：1. 确立建筑在设计论坛上的主导地位；2. 把工艺技术提高到与视觉艺术平等的位置，从而削弱传统的等级划分；3. 响应了1907年建于慕尼黑的"德国工业同盟的信条"，即通过艺术家、工业家和手工业者的合作而改进工业制品。

奥蒂伯杰与包豪斯楼梯

佚名（Unknown）

Portrait of Otti Berger with
Bauhaus facade

Double exposure, c.

1931 年

▲ 包豪斯校舍
瓦尔特·格罗皮乌斯（Walter Gropius）
1925 年

包豪斯的创始人格罗皮乌斯在其青年时代就致力于"德意志制造同盟"。他区别于同代人的是，以极其认真的态度致力于美术和工业化社会之间的调和。包豪斯的理想，就是要把美术家从游离于社会的状态中拯救出来。因此，在包豪斯的教学中谋求所有造型艺术之间的交流。他把建筑、设计、手工艺、绘画、雕刻等一切都纳入了包豪斯的教育之中。包豪斯是一所综合性的设计学院，其设计课程包括新产品设计、平面设计、展览设计、舞台设计、家具设计、室内设计和建筑设计等，甚至连话剧、音乐等专业都在包豪斯中设置。这一过程在某种程度上类似于现代的设计学校，把学生从绘画学习转变为设计学习的思维理念，强调学生对于抽象形态的原始认知与重构。

包豪斯在艺术与设计之间建立了一种内在的联系，机械化生产的产品与艺术的观念与美感相结合才能称为"现代设计"。创始人格罗皮乌斯在美国广泛传播包豪斯的教育观点、教学方法和现代主义建筑学派理论，促进了美国现代建筑的发展，为各国建筑界所推崇。

包豪斯的设计教育观念：一、技术和艺术应该和谐统一；二、视觉敏感性达到理性的水平；三、对材料、结构、肌理、色彩有科学的、技术的理解；四、集体工作是设计的核心；五、艺术家、企业家、技术人员应该紧密合作；六、学生的作业和企业项目密切结合。

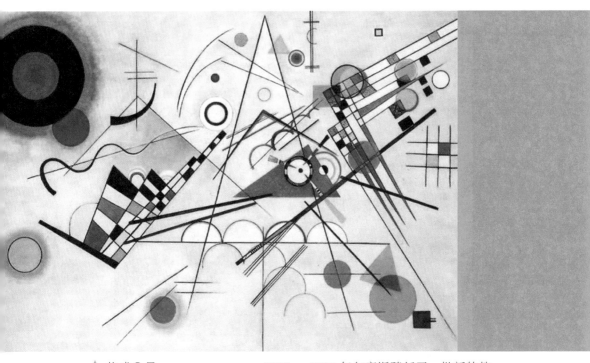

▲ 构成 8 号

瓦西里·康定斯基（Wassily Kandinsky）

Composicion VIII

1923 年

1920～1922 年包豪斯聘任了一批新的教员，包括瓦西里·康定斯基、保尔·克利、乔治·蒙克等。其中，康定斯基于 1922 年加入包豪斯学院，这一时期正处于其创作的鼎盛时期，艺术创作的风格趋于抽象的形式化，一直到 1933 年离开包豪斯学院，创作中对于抽象手段的使用从未终止过。1926 年，他将其构图课程《点、线到面》一书出版。康定斯基的这本书，想给艺术作品的要素和它们之间的关系，下一个比较绝对的定义。这种关系，是指一个要素对另一个要素，以及对整体的关系。他那脱俗、浪漫的艺术基础，在这里表现得十分明显。

1.3 视觉形态

　　在雷德利·斯科特执导的电影《普罗米修斯》中，探险成员乘坐星际飞船抵达 Zeta Riticuli 星系时，科学家指着在峡谷中发现的直线型说道："God does not build in straight lines（上帝不会创造直线）"。直线作为发现智慧生命遗迹的依据，这并不是说自然界中没有直线，只是在自然形态中出现直线的概率极低，如果从天空俯视大地，肉眼所能看到的直线或者抽象的形态都是人造物。

在秘鲁南部的纳斯卡荒原上，一片绵延几千米的由线条构成的各种生动图案镌刻在大地上，这些以复杂排列构成的图案中包括几何学图形、鱼类、螺旋形、藻类、兀鹫、蜘蛛、花、鬣蜥、鹭、手、树木、蜂鸟、猴子、蜥蜴和人形生物。由于图案十分巨大，只能在300米以上的高空才能看到图案的全貌，所以一般人在处于地面的水平角度上，只能见到一条条不规则的坑纹，根本无法得知这些不规则的线条所呈现的竟是一幅幅巨大的图案。

我们打开任何一座城市的地图，河流和湖泊都呈不规则的自然形态，而道路与人工湖泊则都是由抽象的直线与有规则的曲线所组成的。打开上海地图，在南汇新城有一个滴水湖，由德国 GMP 公司总体规划设计，于 2002 年 6 月开始建设。滴水湖呈正圆形，直径约 2.6 千米，总面积约 5.56 平方千米，环湖的道路也是正圆形的，这正是人工抽象形态的痕迹。

人们对于自然形态的认知来源于自然。滴水湖的设计构思来源于德国 GMP 公司最初对南汇新城的总体规划方案：一滴来自天上的水滴落入大海泛起层层涟漪。而涟漪的形状正是一圈圈同心的正圆形，这正说明了人们对自然形态的认知决定了对于形态归纳的基础。

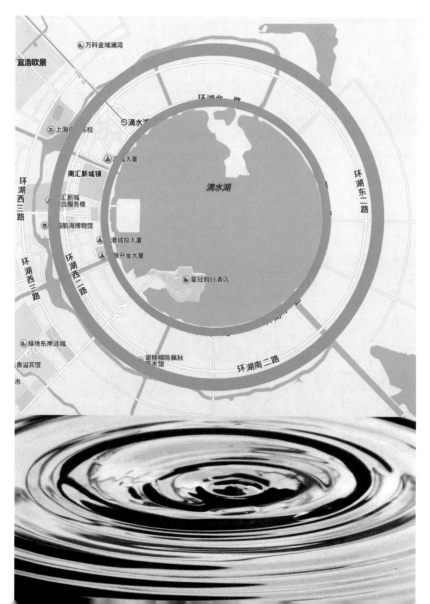

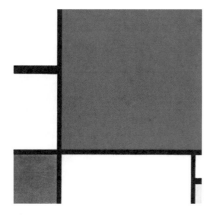

▲ 红、黄、蓝的构成
彼埃·蒙德里安（Piet
Cornelies Mondrian）

1930 年

　　我们是如何认知形态的？这在于我们观察事物的角度。形态从概念上讲指事物存在的样貌，或在一定条件下的表现形式。在二维形态的表达中主要指形体本身的外轮廓，以及不同材质形态之间的差别所形成的界限。不同的角度所形成的二维形态是变化的，而人类在认知图形的过程中会进行归纳与整理，进而使用更为简洁的表现手段进行绘制，这在认知上更为便利。我们在地图上找到上海地铁，可以看到路线是一些不规则的曲线，而在地铁站看到的地铁交通图则是进行了归纳、整理后的抽象图形，虽然在形态上进行了归纳和整理，但相对于原始的曲线更容易被记录和认知。

▶ 百货公司 Aizone

杰西卡·沃尔什（Jessica
Walsh）

2015 年秋冬推广主题借用了荷兰画家蒙德里安的《红、黄、蓝的构成》。画面中对视觉元素使用黑色线框进行分割，我们在认知形态时归纳出基本的造型元素是建立快速记忆的主要手段。

■1.3.1 自然形态

自然形态，指在自然法则下形成的各种可视或可触摸的形态。它不随人的意志的改变而改变，如高山、树木、瀑布、溪流、石头等。自然形态又分为有机和无机形态。自然形态的概念十分宽泛，我们所能见到的各种物象基本都属于"自然形态"的范畴，抛去人为的加工，几乎所有的形态都是自然形态，这也是人们创造力的起点，正是这些有机和无机的自然形态构成灵感创作的源泉，其中也包括微观视角下所有的原子与细胞等肉眼不可见事物的形态。

美国建筑师 F.L. 赖特作为现代建筑的创始人，崇尚自然的建筑理念。他认为：我们的建筑如果有生命力，它就应该反映今天这里的更为生动的人类状况。其有机建筑观念主张——任何活着的有机体，它们的外在形式与内在形式结构都为设计提供了自然且不破坏的思想启迪。有机建筑与造型理论与"自内设计"理念有密切的关系。也就是说，每一次设计都始于一种理论、一种概念，由此向外发展，在变化中获得形式。不仅如此，建筑本身就是一个有机体，一个不可分割的整体，而人类也是属于大自然生态的一部分，也不能超越大自然的力量，所以在人类与自然生态的关系随着时代的变迁中，渐渐地，生态环境发展对未来的启示变得异常重要。

▲ 流水别墅

弗兰克·劳埃德·赖特（Frank Lloyd Wright）

1943 年

流水别墅是赖特为卡夫曼家族设计的别墅。在瀑布之上，赖特实现了"方山之宅"（House on the mesa）的梦想，悬空的楼板铆固在后面的自然山石上。主要的第一层几乎是一个完整的大房间，通过空间处理而形成相互流通的各种从属空间，并且有小梯与下面的水池联系。正面在窗台与天棚之间，是一扇金属窗框的大玻璃，虚实对比十分强烈。整个构思是非常大胆的，使得流水别墅成为无与伦比的世界最著名的现代建筑。

1.3.2 偶发形态

　　偶发形态是人在外力作用下而发生的断裂、扭曲、撕裂、泼洒等偶然现象造就的形态。偶发形态，其造型的形成是由人为造成的，而最终的形态则是由自然力所影响的。杰克逊·波洛克是抽象表现主义的先驱，是20世纪最有影响力的艺术家之一，以其在帆布上很随意地泼溅颜料、洒出流线的技艺而著称。这种泼洒的形态被作为绘画语言在中国古已有之，中国绘画中的泼墨画法也是偶发形态的绘画语言，不同于波洛克的表现方式，依附于偶发形态对于其进行具象性联想，并与之关联。波洛克对于这种表现方法并没有持续多久，他拼命地设法逃离艺术上对于技巧的要求，去寻求自己的内心。他内心的挣扎源于对于现实的不满，和对于绘画技巧的无所适从。波洛克使美国的艺术开始有了自己的风格，也使抽象画的经典开始被打破。

▲ 构图 32 号

杰克逊·波洛克（Jackson Pollock）

1950 年

　　在中国绘画中，泼墨法由来已久，形态的关键在于水和墨之间的相互渗透，"暮云如泼墨，春雪不成花。" 自然形态中的气势与韵味通过这种形式完美地表达出来。清代沈宗骞《芥舟学画编》中说："墨曰泼墨，山色曰泼翠，草色曰泼绿，泼之为用，最足发画中气韵。"在水与墨的基础之上融入更多的色彩，形态上的相互交织产生了更多的偶发形态。这种形态上的变化，在一些漆器与瓷器上也有所体现，这种有人工参与所创造出的美感一向是传统工艺美术中所推崇的，并且结果的不确定性更造成了美感难得的无法复制性。

　　中国水墨动画是具有开创性的艺术表现形式，传统水墨的偶发形态与动画创作的规律相抵触，宣纸上对于外形的不确定性，在连续画面中会影响最终动画的效果。1961 年 7 月，上海美术电影制片厂成功摄制了中国第一部水墨动画片《小蝌蚪找妈妈》，宣告了中国水墨动画片的首创成功，该制作技术获得了文化部科技成果一等奖、国家科技发明二等奖。外形的不确定性，导致要分层渲染着色，制作工艺非常复杂，一部短片所耗费的大量时间和人力是惊人的。

■ 1.3.3 分形形态

    分形（Fractal）一词是由本华·曼德博提出来的，其原意具有不规则、支离破碎等含义。分形几何是一门以不规则几何形态为研究对象的几何学。由于不规则现象在自然界普遍存在，因此分形几何学又被称为描述大自然的几何学。分形最大的特点就是自相似性，即从整体上看，处处不规则，没有特征尺度和标度，但是在不同尺度上的规则性又是相同的，即局部与局部、局部和整体在形态上有自相似性，例如雪花、闪电等。分形用分数维数来描述和研究。分形使人们觉悟到科学与艺术的融合，数学与艺术审美上的统一，使昨日枯燥的数学不再仅仅是抽象的哲理，而是具体的感受；不再仅仅是揭示一类存在，而是一种艺术创作，分形搭起了科学与艺术的桥梁。分形的自相似性反映了自然界局部与局部、局部与整体在形态、功能、信息、时间与空间等方面的具有统计意义上的自相似性。可以这么说，自然界是以分形的形式存在和演化的。分形在大自然中的普适性被发现后，在各个领域得以拓展，例如分形美学、分形艺术、分形建筑、分形音乐等。

▶ 生物学

塔蒂亚娜（Tatiana）

分形艺术家

主题为可视化数据与动植物

2009 年

1.3.4 抽象形态

　　人类不同于动物，对于自然界会采取主观能动性的改造，起初的原始目的只是为了便于捕猎，用概括的形式对自然形象进行记录。在部分史前洞穴壁画中可以看到，人类使用概括性的形象对于狩猎过程进行记录，这是抽象语言最早的运用，如果能使用更为具象的手法进行绘制，可能古人会选择具象的表现形式，但是由于条件和能力的限制，不得不将形象进行概括描绘。当人类在传承这些记录时，具象的语言可能并不适合大量的绘制与记录，语言和文字的诞生都基于这种抽象的归纳和总结。"早期的语言学试图通过把符号想象为对一系列举止、行为和情感的描述来解释的符号，这逐渐发展为对不同种类语言的文字形式及其演化方式的比较研究。"大卫·科罗在《视觉符号》一书中对于符号的早期表象所做的阐述，这从一方面解释了抽象图形对于人类表达主观意图具有一定的概括性。抽象的视觉语言可以使设计作品变得更具表现力，不受客观情景的影响，这也是视觉形式中不可或缺的法则之一。

　　美国哲学家夏尔·桑德·皮尔斯（Charles Sanders Peirce）和瑞士语言学家费尔迪南·德·索绪尔（Ferdinand de Saussure）分别提出了符号学的概念。皮尔斯认为构成符号都是由三种要素构成的，即媒介关联物、对象关联物和解释关联物，任何事物若没有表现出这三种关联要素，它就不是一个完整的符号。而索绪尔则是从语言学的角度进行符号研究。符号的发展过程正是人类对于事物的表象认知进行抽象归纳的过程，对于形象的概念进行归纳和整理，使用简洁的符号语言进行记录与传承，过程中特定的文化内涵与外延都不同程度地渗透到了符号中去。

　　可以说抽象形态是人们最容易记忆的形态，这是大脑对于形态最原始的归纳，我们在设计复杂的图形或内容时，可以将其归纳为抽象形态并加以分析，合理地进行排布与设计。

白日梦

NONOTAK 新媒体工作室

以抽象的图形为主题，使用视听设备产生扭曲时间与空间的设计感官

1.4 中国视觉元素

　　"最终我们必须能够说明审美经验方面的一个最基本事实，即审美快感来自于对某种介于乏味和杂乱之间的图案的观赏。单调的图案难于吸引人们的注意力，过于复杂的图案则会使我们的知觉负荷过重而停止对它们进行观赏。"——贡布里希《秩序感》。人类最初开始绘制图案的时候，也许只是单纯的记录，农业文明的兴起，迫使人们在生产、生活等各个方面做出不同于游牧生活的改变。进入新石器时代，陶器逐渐进入人类的生活，在陶器上绘制图案是抽象视觉元素的起源，这并不是说早期人类的远古岩画不是归纳抽象出的视觉元素，而是该诉求性由于生产、生活方式的不同，其目的也是不同的。

▲ 白衣彩陶碗形钵
郑州大河村遗址，高 11.7cm，
钵口直径 26.2cm

我们从仰韶文化（仰韶文化是黄河中游地区重要的新石器时代彩陶文化，其持续时间大约在公元前 5000 ～ 3000 年，分布在整个黄河中游，在今天的甘肃省到河南省之间。因 1921 年首次在河南省三门峡市渑池县仰韶村发现，故按照考古惯例，将此文化称为"仰韶文化"）发掘出的大量彩陶上可以看到，动物和人类的形象依然是表现的主体，但是不同于远古岩画，随着文化的发展，形象从真实描绘逐渐向抽象的几何图形过渡。这些陶器如果没有绘制彩纹也并不影响其使用的功能，也就是说其绘制的目的已经不仅是功能所需，而是作为装饰使用。

这些远古图形的逐步抽象化，表达出了古人对于审美的原始诉求，抽象图形随着时间的流逝不断地被转化和传承，也有可能被完全废弃或更迭，在表意与表象之间，图形演变为固定的符号，原有的指向性与装饰性逐渐被替代，形成固化的人文内涵与外延。学习设计的过程也是逐渐地将对于客观事物的认知与发现转化为对于功能与形式上的归纳与再现。

1.5 综合练习

1. 包豪斯的设计教育观念是什么？

2. 思考：设计与绘画之间的区别（以实例进行说明）。

3. 将一幅具象的绘画作品，使用简单的抽象图形（正圆形、正方形、三角形等）进行归纳。

4. 将一幅中国古代图案，使用简单的抽象图形（正圆形、正方形、三角形等）对结构点进行归纳。

5. 说明下图所示的关键位置对于构图及画面的影响。

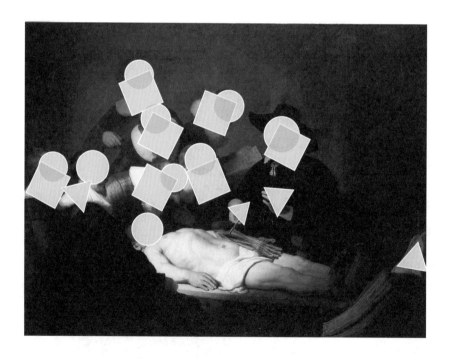

CHAPTER

02

基本视觉元素

"语言"是人类交流的基本工具，在表达思想感情时，语言的形式多种多样。视觉作为人类交流的基本语言，是其他语言形式所不能替代的。人类所获取的信息，90%是通过视觉进行获取的。纵观设计史，从人类有意识地记录信息开始，设计就在不断改进着我们的生活，直至现代设计发展伊始，设计还在不断地进行创造和优化我们的环境。在信息时代，部分设计的内容从被创造出来直至消失都不以物化的形式存在，从本质上讲，这与传统设计过程并无二意。在学习设计时，对于视觉元素如何进行运用至关重要，我们需要将我们所看到的视觉内容加以分析与总结，在发掘事物本身美感的同时，也要学会让视觉元素按一定的规则进行设计。

抽象的形态是研究构成的基础，人们将自然形态中的特定形态模式加以总结，固化出特定的模式，这也就是圆形、方形、三角形等基础形态的构成方式。而这些形态都是通过点、线、面的形式呈现出来的，在设计构成中对于这些概念并不能固化，灵活地运用这些语言是设计表达的关键。下面我们就来认识这些基本的视觉元素与形式规则。

2.1 点

　　"在几何学上,点是一种看不见的实体,因此它必定被界定为一种非物质的存在。从物质内容来考虑,点相当于零。"——康定斯基。在某种程度上"点"是一个抽象的形式单元,它能精确地指明它所处的位置,但在一定层面上你却感受不到它的存在。点是最简单的形,是几何图形中最基本的组成部分。在其他领域中,点也作为讨论的对象。在欧氏几何中,点是空间中只有位置没有大小的图形。点是整个欧氏几何的基础,欧几里得最初含糊地定义点为"没有部分的东西"。

VI 设计

明亮设计（Luminous Design Group）

Cosmos Ocean Branding

使用点作为基础元素，组成了
企业的首字母

■2.1.1 如何定义一个点

  点作为一个可视化符号，必须在既有对比性的情况下才能呈现，如果"点"的面积相对较大就会形成"面"，但是不同于"面"的视觉属性，点扩大所形成的面总有一个可以快速辨识的中心，这个中心总在 0 维度上进行扩散，只要扩散的程度大致相同，我们就认定其为一个点。

  点的特征就在于吸引视觉的注意力，这种视觉张力不断地内敛，也不断地扩张，在特定的空间里，视觉会很快被这个元素所吸引，同时周边的元素会与之形成对比。与其他元素相比，它具有相对明显的边沿，中心到边缘的距离基本相等。可以看下面这组图，无论点的形状呈现出圆形、正方形或者圆角正方形，这个元素都是以点的形式呈现的。

  "一个点的外形概念是不确定的，这种可视的、几何学的点一旦被物质化，就必定有一定的尺寸，占据画面一定的位置。此外，它必定有使其与环境分割开来的确定范围——外轮廓。"——康定斯基《论点线面》。当一个点变得越来越大的时候，其外轮廓会与周边的元素相交错，但从根本上讲，它仍以一个点的形式出现，无论是一团褶皱的纸，还是一棵包菜。我们必须能分辨出点的视觉元素基础与周边环境的区别在哪里，从而确认点的位置与大小。

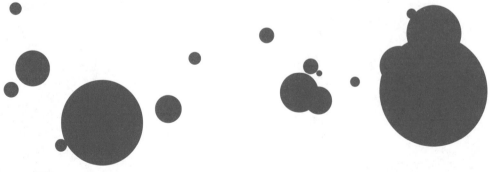

2.1.2 点的属性

任何一个点都具有相对的独立性，这取决于这个点与周边事物的对比关系，这种属性会使点有集中视觉注意力的作用。点在哪里，视觉的中心就会在哪里。

我们将一个点放置在一个正方形的空间中，如果点在正中心，在视觉上可以感到其具有稳定性，因为其与边界的距离是相等的。如果将点移动到靠近边界的位置，会发现点打破了原有的平衡，这时背景的空间发生了变化，点的张力也体现了出来。

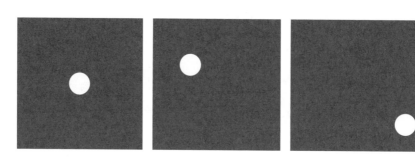

"视觉式样实际上是一个力场。"——阿恩海姆《艺术与视知觉》。当画面中出现两个点，两个点之间的关系就会变得异常微妙，这个空间也会变成一个力场。点在空间中的相对位置会形成不同的心理暗示，一个点在中心位置，另一个点在靠近边缘的位置，可以感觉到边缘的点正在向外扩张。如果两个点快要到中心位置的相接处，这种张力会得到一种释放。如果两个点在尺寸上有一定的区别，也会在 Z 轴空间上产生错觉，大的点会对小的点产生引力，会吸引小的点靠近。

2.1.3 点的错觉

从颜色属性上来讲，黑底上的白点具有扩张性，而白底上的黑点具有收缩性，这种由环境所造成的心理暗示在实际的设计中会经常使用。

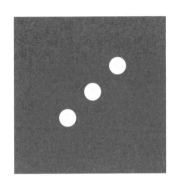

当画面中出现多个点，点所形成的线或者面会造成形态上的错觉，这种错觉会产生导向性。两个点之间在心理的作用下会自动形成一条直线，这样的视觉延展性是我们与生俱来的。而当点为 3 个的时候，视线会在这 3 个点之间流动，我们就会将其连接成面。

点的大小变化也会形成维度上的变化，点的不规则排列组合，会产生不同的空间感。稀疏的点会产生轻松、舒缓的效果；密集的点会产生紧张、复杂的效果。再配合尺寸上的变化，会产生空间上的错觉。

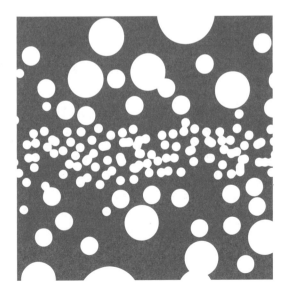

■2.1.4 点的形态表象

　　不同形态的点会具有不同的表象属性，给人带来的视觉感受是不同的，可以通过改变大小、外形、对比和疏密等结构关系，展现出不同的形态表象。点最重要的特征就是能吸引注意力，当背景空间与之产生强烈对比时，点会形成一种凝聚力，吸引视觉中心，随着点的移动视觉中心也会移动。当一个点进入一个空间后，这个点与该空间的关系随即确立，在二维维度上与边界的距离决定了这个点的表象信息。位于画面中心位置的点会建立一种平衡关系，随着点的数量的增加，点与点之间会形成隐形的呼应，点与点之间距离越近越会加强这部分视觉关系的比重，而远离比重中心的点也会显露出独特的视觉信息。点的排列可以形成线的视觉基础，通过完形心理的作用，点可以形成外形。

▲ 图形设计
FITC Amsterdam 2013

马克·布鲁克斯（Mark
Brooks Graphik Design）
使用点作为基础元素组成了
NIKE 的广告语

2.1.5 点的应用

　　点的排列可以形成线的视觉基础，多个点在一起时可以形成线形或者体块。点与点之间有着内在的联系，围棋的黑子与白子之间形成的内在关联是点应用最好的例证。我们在一个正方形的二维空间内进行布局，点与点之间的呼应在布局时就要有所考虑。连续的 3 个点排列在一起的时候，人们心理上就会将其归为一条关联的线，这 3 个点就会形成一个综合的结构体。在设计实践中，设定文字位置时就可以把每个文字或者单词视为一个点，文字之间的关联也可以视为点与点之间的关联，排列这些文字的时候还需要考虑阅读该种文字的习惯。

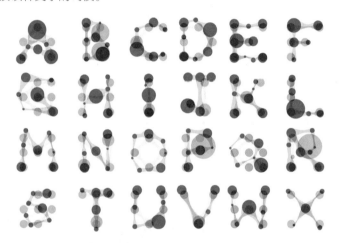

◀▲ 字体设计

奥雷利昂·赫夫（Aurelien Herve）

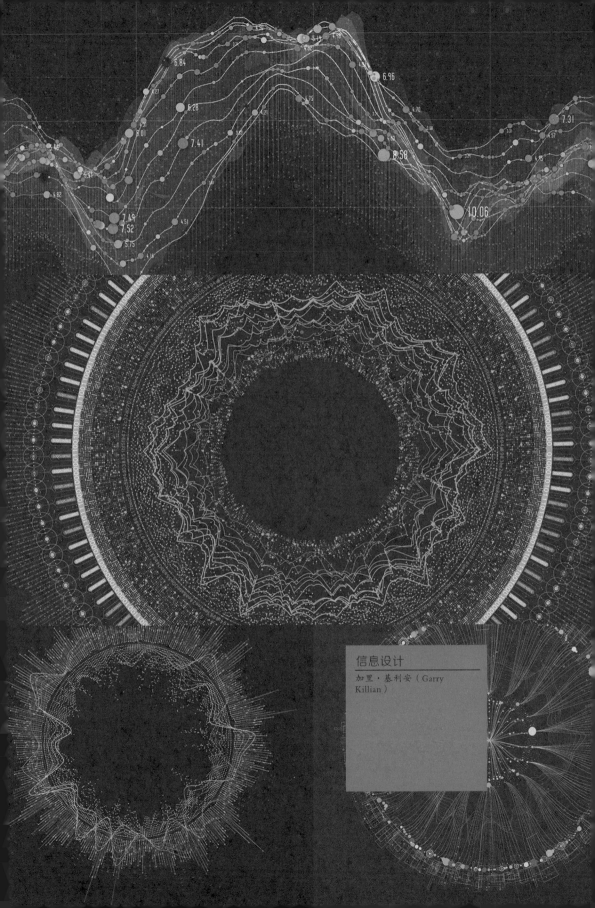

信息设计

加里·基利安（Garry
Killian）

▲ 动态设计

卡姆兰·汗（Kamran Khan）

Lyrically Speaking

▲ 包装设计
GOOD DAY MILK 以奶牛的
斑点作为设计元素，设计出限
量款的日本牛奶产品

点在设计过程中不一定都是以完整的几何形状存在的，首先要判定其与所在空间的比例大小、与其他点之间的关系，以及所在空间的图底关系。由于图底关系的变化会形成新的点，也就是负点，这种负点的存在可能是设计师有意为之的，也可能是不经意间创建的，但是这些负点依然会吸引视觉的关注。

多个点组合在一起时可以形成一种内在的张力，作为一个整体出现在画面中，这种组合可以是有规律的，也可以是无规律的。天上繁星的排布就类似于无规则的排布，因为恒星位置的改变十分缓慢，所以相对位置固定，人类总是在较亮的星星之间建立一种内在的联系，并将其命名为不同的星座，点的位置能让人产生对于形体的联想。在设计中我们可以用点来组成画面，以表达出这种点与点之间的隐性联系。

2.2 线

"几何的线条是无形的，它是移动的点留下的痕迹……在这里，就是从静态向动态的跳跃。"——康定斯基。

当你和一个人交谈时，如果在描述某样东西时，手会不自觉地绘制这样东西的大体轮廓，而人类创造一个形象时首先是使用线元素来进行描绘的。线的属性最适合人类表现事物的轮廓，同时线也是最便于人类记忆的视觉元素。我们在上一节中也提到人们在星星之间进行连线，确定的形态便于人们记忆，从而确定星座的位置。

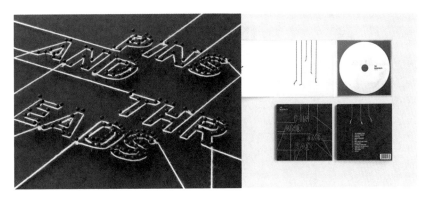

▲ CD 封面设计

卡斯帕工作室设计的《线与图钉》专辑封面，使用了缠绕在图钉之间的线，并组成字母，可以看到点与点之间连接在一起会形成线

在几何学的范畴上，线指的是一个点任意移动所构成的图形，也就是说线是由点的移动生成的。而在数学的范畴上，线只有方向和长度，并没有粗细宽窄之分。设计学意义上的线主要的作用就是连接，在画面的不同区域起到连接的作用，在某种程度上也可能是看不见的线，只要两者之间存在联系，就可以看作有一条无形的线将其连接起来。

与点不同，线具有方向性，点的动态特征需要环境和对比，而线本身就具有这种属性。举个例子：如果我们把一根有弹性的树枝弯曲，在没有折断之前，这跟树枝所形成的曲线就具备一种内在的运动张力，这种具有方向性的张力是点的张力所不具备的，它不需要空间或者参照进行对比，这种张力蓄势待发，从外形上就能感受得到，所以线的表现性更直观。

同时线也可以对空间进行分割，引导视线朝着我们需要的方向转移，而改变线的粗细和长度对其本身的特征有着巨大的影响，这种表现力是其他视觉元素所不具备的。

■2.2.1 线的属性

　　首先，线是具有空间性的，当我们看到一条线，其本身就是对同一空间进行分切所产生的，我们日常所走的道路就是线属性的最好体现。同时线也具有指向性，由于起点和终点的不同，线指定了方向，可以通过粗细宽窄的变化加强这种导向性，这种导向性在中国绘画和书法中被称为"势"。"势"是气的存在和流动的具体表现，势是画面形象之间的联系。势也可以理解为情态趋向，主要是指由画面本身所产生的视觉心理动态效果，亦即在画面上相对地制造一种形象间或形象全体之中的运动倾向，这种运动的倾向称为"势"。

一、侧（点）
二、勒（横划）
三、努（竖）
四、趯（钩）
五、策（挑）
六、掠（撇）
七、啄（侧撇）
八、磔（捺）

　　这种隐含的运动倾向和轮廓结构由隐形的线来控制，在中国的汉字中表现最为突出。汉字以正方的象形字为基础，每个字都由一个正方形线框确定边缘，而内部的结构则由一个正圆形线框进行标定，这并不是说所有的笔画都要在线框内运动，而是将其圈定在一定区域内。汉字的笔画也是以线的形式呈现的，每个人在一开始学习书写汉字的时候，书写顺序是一个重要的内容。笔画书写的顺序决定了线的起始位置，也决定了汉字的基本结构，字与字之间的相互关系也被融入到了这种笔画（线）所体现出的属性中。汉字是为数不多的还在使用的表象文字，形象的表达也正是线所擅长的。

2.2.2 线的错觉

　　线的粗细变化会影响造型的最终视觉效果，这种变化会带来空间的扭曲。从某种意义上讲，这是线之间的关系所形成的面，利用了视觉透视的原理造成了这种错觉。线的交错会产生对视觉的影响，我们在画面中将3条线在一个点上进行交错，视觉的中心将会落在这个位置，并且这个点也会显得非常突兀。古人在绘制兰花的叶片时，把这些交错在一起所形成的空白区域叫作"凤眼"，同时尽量避免3条线重叠在一起的情况出现。这些线段相互干扰所出现的视觉对抗与错觉，会影响到画面的视觉导向而产生错误的引导。

▶ VI 设计

古斯塔夫·卡尔松·索尔思
（Gustav Karlsson Thors）

Form the Studio of Johnny
Helvete

2.2.3 线的形态表象

　　线的最直接表象就是事物的外轮廓，如果失去了轮廓，我们将无法分辨任何事物。同时，我们使用线对事物进行主观概括，这可能并不准确，但它是最直接的手段。设计师在设计交通标志时就是将复杂的事物用简单的符号或图形表达出来的，这个传达的过程需要社会知识与经验积累，但高度概括性的表现手段，线是最为直观的。我们抛弃了不必要的细枝末节，提炼出事物最简单的定义，从而以最快的速度传达出我们所需要表达的内容。

▲▶ VI 设计

约瑟普·凯拉瓦（Josip Kelava）

使用不同的黑白线型设计元素，产生运动的幻觉

　　我们可以将线简单地分为直线和曲线。其中曲线又可以分为几何曲线与自由曲线。线的粗细、长短、曲直可以表现出不同的性格特征。首先，直线能表现出锐利、平稳、安定、简洁和力量等特征，而不同的朝向也能将同样的直线进行划分：平行线具有平稳、永久、冷漠等特征；而垂直线则表现出了高傲、庄重、权威和孤独等特征。

　　曲线所表达出的特征更为多变，从直观的柔美、性感、活泼和浪漫等特征，到随意、秩序、高雅和玲珑等特征，这些特征随着曲线的表象被完美地表达出来。同时，线段的粗细也会影响到同样一段曲线的特征，较粗的曲线显得稳重与质感，而细线则表现出了优雅与灵动。古人所描述的"曹衣出水"与"吴带当风"都是对曲线的形态表象描述。

■2.2.4 线的应用

　　杂乱的头发与笔直的斑马线，不同的线所起到的作用是不同的。笔直而有规则的线条容易引起人们的重视，自然界中有各种各样的线存在，而直线则更多是人类的创造，只有人类能动的遵循规律，才会创造出与自然界中存在的线所不同的形态。我们打开上海地图，可以看到地铁线路在实际的地面上形式的轨迹，而在地铁站中我们所看到的地铁路线图，会以规则的直线和曲线进行绘制，站与站之间的距离也趋于相同，因为这样的线便于我们记忆。现在几乎世界各地的地铁都用这种手法来指示地铁的路线，英国地铁最早使用这种方式对路线进行设计，简洁而明了的线直接指明了每条线路的方向与各站点间的位置和距离。线的奇妙之处在于它内在蕴含着一种力量，这种力量暗示着视觉的方向，人们会不自觉地跟随这种方向前进，这其中包含了运动的轨迹与节奏。

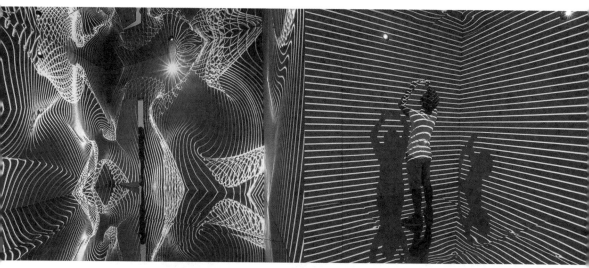

▲ 装置设计

雷菲克·阿法罗迪（Refik
Anadol）

Infinity Room

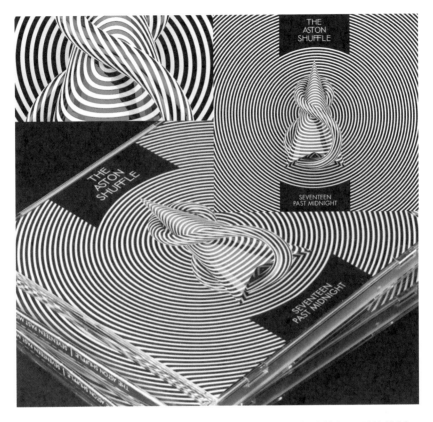

　　书法在某种程度上就是线的表现应用，通过对线条动势与肌理的控制，同时也和文字所传达出的信息进行呼应，表现出超越文字本身的艺术效果。书法的线条中本身就蕴含着力量，通过对这种力量动势的控制，来达到所要表达的情感诉求，以及对于人文内涵的认识与理解。

2.3 面

　　日常生活中大部分的物体都是以面的形式呈现的，点或线在密集的时候都会形成面，只要有闭合的形状就可以形成面，这也就是我们经常提到的形状。当我们看到一个物体对其形状进行描述时，大多会将其归纳为常见的几何形体，如常见的正方形、长方形、圆形、椭圆形、梯形、三角形和菱形等。这些图形大多数都是抽象的归纳，属人为的创造，在自然界中不一定有这些几何形，更多的是有机形。有些几何形在自然界也是存在的，如圆形，天然的珍珠及行星都是有机形，但同时也是几何形。

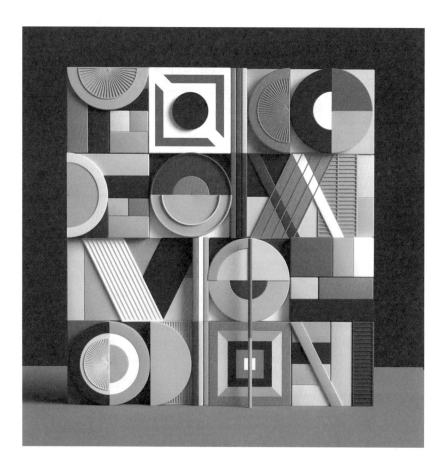

几何形是最基本的形态元素，也是最为普遍的形态元素，它们都有一定的数学规律可以遵循，我们在后面的章节中对于几何形体的美感会有专门的论述。几何形所表现出的规则性和秩序性是由人为计算得出的，我们从中可以找到能遵循的美感原则，但这些原则因人而异，有时也会由于想要表达的内容不同而有所改变。

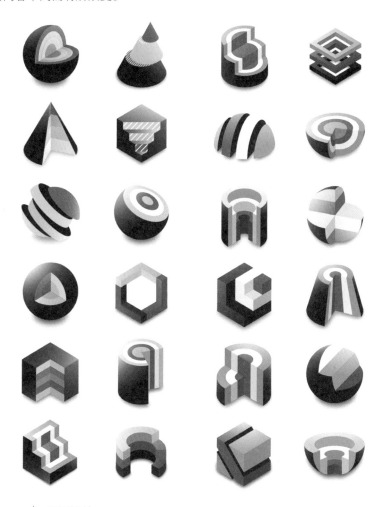

▲ 图形设计

安德鲁·科普（Andrew Kirp）

几何的探索

Geometric exploration

■2.3.1 面的属性

　　基于数学的概念，面是没有厚度的，本书中讨论的概念也是基于二维空间的，我们用透视和角度模拟出的三维空间效果与空间构成并不是一个范畴的概念。我们通过边缘外轮廓的变化来增加透视与深度上的错觉感，这种模拟会带来视觉上的冲击和不同的画面效果。

▲ 图形设计

简·米歇尔·韦碧克（Jean
Michel Verbeeck）

The abc of lines

当两个以上的面出现在一个空间中时，两者之间的关系就会相互影响，在实际的设计实践中几乎很少只用到一种类型的形态，在大多数情况下面各种类型的形态都会作为主体出现，在画面中起到了决定性的作用，确定了面在画面中的位置，决定了整个画面需要表达的效果。

一般意义上我们所认定的形状主要指抽象的形状，如正方形、圆形和三角形等。对于世间的万物，我们用特定的图像符号来表现和归纳，因此在认识面的属性时，需要在一定程度上对其进行抽象化。抽象的形式并不是简单地对于自然形态的物体进行代替，我们赋予其抽象的概念并加以提炼，这个过程就是抽象思维的过程。

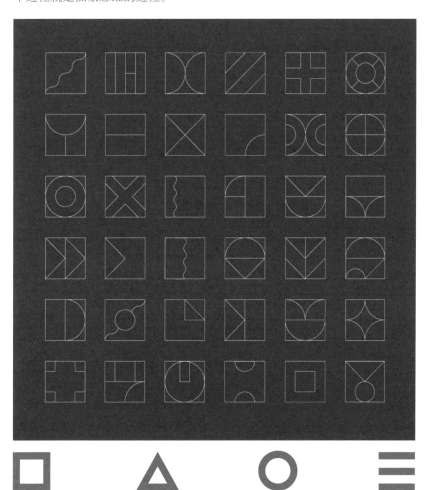

■2.3.2面的错觉

　　面处于不同的位置会传达出不同的视觉效果，这也包括我们观察的角度。在设计中我们有时会造成这种错觉已达到想要表达的效果，而大部分时候我们都通过这种错误的心理暗示引导受众的视线方向。

　　在某种程度上艺术家们一直在尝试摆脱平面的束缚，而现代设计师使用不同的材质创造出模糊的空间格局，使用重叠面的方式创造出奇妙的画面效果。

　　我们的眼睛更容易辨别画面中凸出的形象，同时也会自然地把凹面的形象视为背景。我们也会把具有明显完整形体的元素视为主体物。也就是说，我们的大脑会自觉地进行归类，总结出画面中明显的圆形、三角形和正方形等规则图形。

▲ 涂鸦室内设计

特鲁利工作室（Truly design
studio）

不同空间层次所形成的平面涂
鸦，造成了视觉空间的错位

2.3.3 面的形态表象

　　当点的体积相对于背景来说较大时就会形成一个面，点本身是具有一定轮廓的，当被放大时这种外轮廓的属性就会被扩大，面越大，点的特征就会越来越不明显。这种对比取决于背景空间的大小。

　　我们在看到一个图形时，判断它是点还是面时，必须用外轮廓进行判断。每种图形都有其独特的结构特征与肌理，而所表达出的信息特征很大程度上是由外轮廓和肌理所决定的。圆形和圆点在几何形态上可以说是一致的，但是由于图底比例关系的不同，造成了两者的差别，将圆点放大并赋予肌理，使用线填充和排列，我们依然会认定这是一个面。

在设计的过程中，当元素被排列在一起的时候，元素之间所有组合出的外轮廓关系，决定了画面所传达的图形信息。

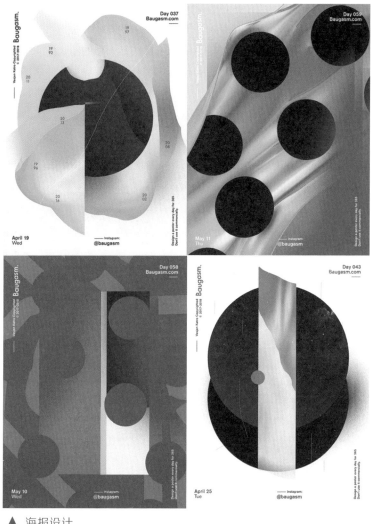

▲ 海报设计

Vasjen Katro

设计日志 Baugasm Series ack 4

2.3.4 面的应用

不同于点和线，面的表面特征更具表现性，面的肌理相较于点和线有助于我们区分图像轮廓。不同的材质肌理所形成的面其所传达出的信息是不同的。面的肌理就是表面无规律的重复图形。表面元素的重复排列、大小以及间距的变化都会传达出不同的信息特征，但肌理有时也具有抽象属性，大量的点和线按一定规律排布也会形成特定的肌理，并且这些元素也会形成一定的动势，让形成的面具有这种特征。

在某种程度上我们也可以将有规则的肌理视为图案，视觉活动显示肌理元素之间的重复通过密度的增加可以改变其明度。大部分钱币上的画面都是这样绘制出来的，将其拆解开就会看到由点和线所组成的画面。

当一个面进入一个空间时，空间的格局就会被打破，因为面的体量感会影响到空间的原有结构。无论这个面的肌理是什么样的都会对其他部分的背景造成影响，在某些时候是一种隐性的呼应，虽然它的存在并不影响主体物的表现，但是所分割出的新的背景空间都构成了画面的主体关系。空间中元素之间的互动与位置关系，以及传达出的信息内容，都建立在面与面之间的关联上。面有规律的运动也会产生戏剧性的画面效果，如果将其透明度降低，面与面之间相互叠透，随着运动的改变这些交错的面会形成独特的韵律，使静态的画面蕴含着动态的变化。

不同形态和特征的面在画面中相互作用，形成具有一定张力的对比，这其中也包括了曲面与直面的对比关系，两者赋予哲学意义的信息内容，对设计也会起到一定的作用，使用不同外轮廓的对比已达到这种方与圆之间的平衡感。

2.4 综合练习

第一阶段练习

使用相机拍摄黑白照片，寻找现实空间中的点、线、面，用半透明的色彩将画面中的点、线、面绘制出来（图片必须在附近空间自行拍摄，不能使用网上的图片，同一种元素不能拍摄同一物体）。每个元素拍摄 4 幅作品，图片尺寸为 8cm×8cm，每种元素排列在一张 A4 大小的纸上，可以使用计算机绘制。

第二阶段练习

使用绘画或拼贴等方法，充分利用不同的工具，进行点、线、面的练习，对同样的点、线、面元素进行不同形式、不同材质、不同表现手段的训练。每个元素制作 4 幅作品，图片尺寸为 8cm×8cm，每种元素排列在一张 A4 大小的纸上，必须使用工具制作。

第三阶段练习

以点、线、面作为基础元素，对同一载体上进行设计创作（可以使用空白的纸杯、T 恤、CD、包装等），每个元素制作 4 幅作品，拍摄图片尺寸为 8cm×8cm，每一种元素排列在一张 A4 大小的纸上，必须使用工具制作。

第四阶段练习

寻找设计中使用点、线、面作为视觉主体的作品，以 PPT 的形式进行分析汇报，每种元素寻找一件作品进行分析，详细说明点、线、面元素在画面中所起到的作用。

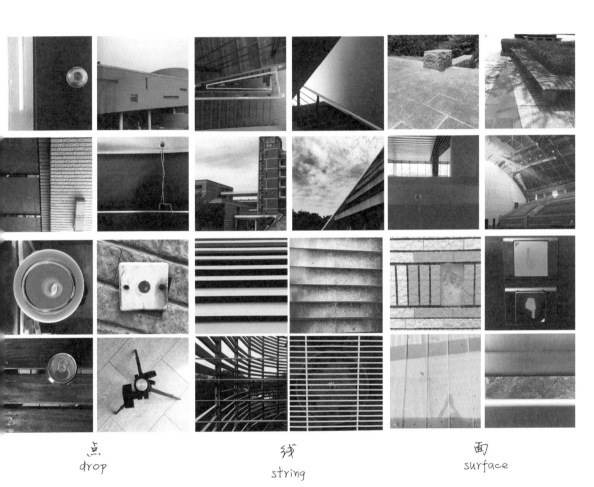

点
drop

线
string

面
surface

小视频大世界点麦克语音搜
分门别类精彩不断 快速识别精准高效

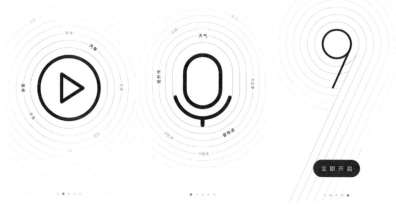

▲ 手机平台推广设计

百度搜索

黑白图形为主体，以点和线作
为视觉元素

▲ 手机平台推广设计

COSTA 咖啡

使用点和线组合的摩斯密码图
形，组成了咖啡杯的形状

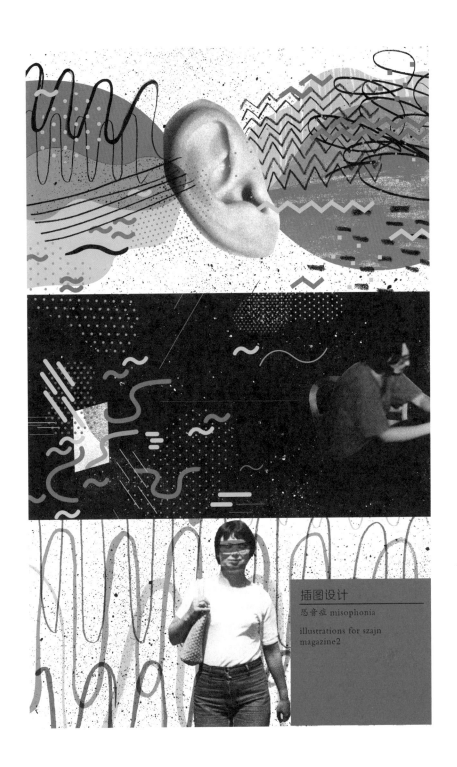

插图设计
恐音症 misophonia

illustrations for szajn
magazine2

CHAPTER

03

形式原理与法则

什么样的造型才是具有美感的？主观与客观的角度一直是论述这一问题的焦点。原始社会的彩绘图案以现代人的审美理念同样觉得十分悦目，而非洲部落的女人装饰也是具有一定原始性的审美原则，而现代人并不会将这种审美概念附加于自己身上。黑格尔在《美学》一书中指出：康德所理解的艺术美的内容与形式的统一"只存在于人的主观概念里"。席勒却能"把这种统一看作理念本身，认为它是认识的原则，也是存在的原则"。我们把构成事物的物质材料的自然属性（色彩、形状、线条、声音等）及其组合规律（如整齐一律、节奏与韵律等）所呈现出来的审美特性称作"形式美"。形式美的形成不是自然形成的，是由美的外在形式演变而来的，其中包含着具体的社会内容，经过长期的重复、仿制，使原有的具体社会内容逐渐泛化成为某种观念内容，而美的外在形式即由此长期的过程演变为一种规范化的形式，成为独立审美的对象。

人类对美的认知来源于自然界，当我们看到自然界中富有美感的事物时，不自觉地就会发出疑问，美有什么样的规律可以遵循？前面我们也提到这些基于主观视角，而这些主观因素却具有一定的共通性。

3.1 比例与分割

　　比例是一个数学概念，我们通过分割把形体划分成不同的部分，保持相对的美感和规律。这种比例上的数理关系对于人类审美的判断有着一定的影响。

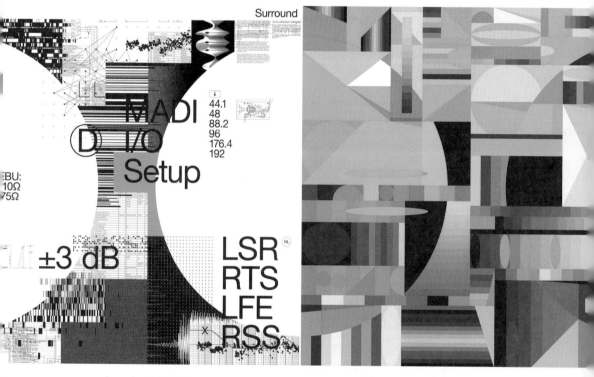

 主题设计

杜比艺术系列 Dolby Art Series

用两个半圆形对画面进行分割，组成杜比标志的形状

Above left: "Input/Output" by Gretel and above right: "Untitled" by Skip Hursh

3.1.1 黄金比例

黄金比率（Golden Rato）源于神奇数字（Fibonnacci Number Sequence），这组数字是 1、1、2、3、5、8、13、21、34、55、89、144、233、377、610、987、1597……这组数列便是数学上著名的"斐波那契数列"，不难发现每个数字都由之前两个数字之和组成。公元前 6 世纪，古希腊的毕达哥拉斯学派研究过正五边形和正十边形的作图，关于黄金分割比例的起源大多认为来自毕达哥拉斯学派。黄金分割是指将整体一分为二，较大部分与整体部分的比值等于较小部分与较大部分的比值，其比值约为 0.618。这个比例被公认为是最能引起美感的比例，因此 1∶0.618 被称为"黄金分割"。

公元前 300 年前后，欧几里得撰写《几何原本》时吸收了欧多克索斯的研究成果，进一步系统论述了黄金分割，成为最早的有关黄金分割的论著。黄金分割在文艺复兴前后，经过阿拉伯人传入欧洲，受到了欧洲人的欢迎，他们称其为"金法"，17 世纪欧洲的一位数学家，甚全称它为"各种算法中最可宝贵的算法"。这种算法在印度称为"三率法"或"三数法则"，也就是我们常说的比例方法。

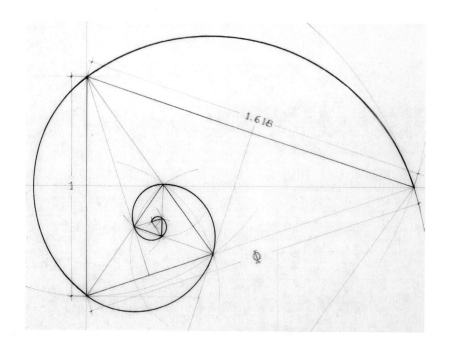

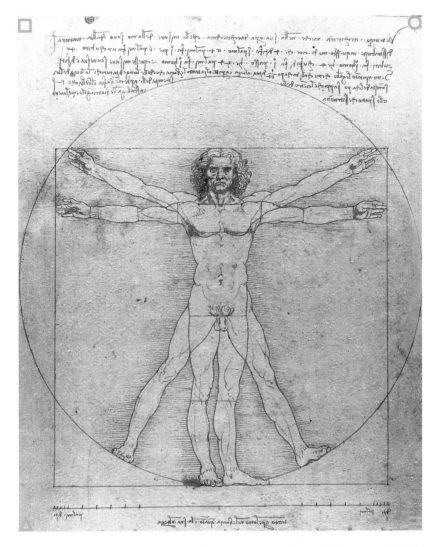

　　黄金分割〔Golden Section〕是一种数学上的比例关系，具有严格的比例性、艺术性、和谐性，蕴藏着丰富的美学价值。黄金矩形(Golden Rectangle)的长宽之比为黄金分割率，换言之，矩形的长边为短边的1.618倍。黄金分割率和黄金矩形能够给画面带来美感，令人愉悦。我们在很多艺术品中都能找到它的影响，希腊雅典的巴特农神庙和达·芬奇的《维特鲁威人》都符合黄金矩形的比例关系。现代社会也有很多地方应用到了黄金矩形，如大部分计算机显示器长与宽的比值约为1.618。

黄金矩形的比例关系并不是万能钥匙，对这一黄金比例的审美观念也有人提出过质疑。斯坦福大学的数学教授基思·德夫林（Keith Devlin）收集学生们的意见，看他们喜欢什么样的矩形，结果黄金矩形并不受宠，大家各有所爱。多次选择中，学生也会有不同的看法。"这是一个非常有用的方法，来显示人类感知的复杂性，这并不表明，黄金分割更美观。"其实这在计算机显示器上也可以得到印证，"你可以用更接近标准的比率，例如 iPad 的 3:2 显示器或者是 16:9 的高清电视显示器。但是黄金分割就像圆周率一样，在现实世界中不可能被严格应用，总会有差别。"计算机显示器在一开始出现的时候都是以 4:3 的比例制造的，随着分辨率的提升 16:9 的显示器开始出现，而现在笔者所使用的显示器为 21:9，这些显示器的比例都不能严格套用黄金矩形的比例关系，但使用起来也并没有什么不适。

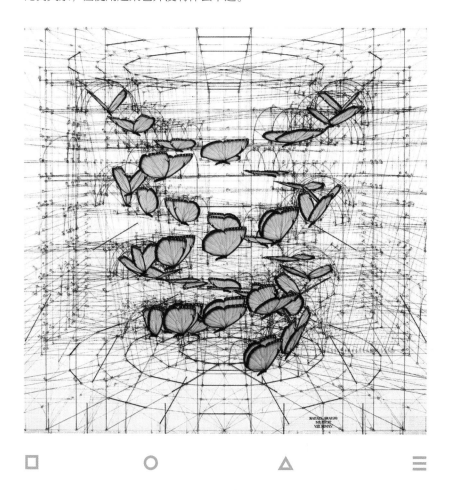

    "生物生来就为感知模式寻求意义。DNA 让我们对艺术这种任性的东西感到不舒服，就往数学上靠拢以求解释。但大多数人并不真正理解数学，不能将黄金分割这种简单公式适用于复杂的系统，我们往往不能自我检讨。人们认为他们周围都是黄金分割，但实际上他们无法证实。他们也是受害者，受到了蒙蔽。"人们总结出的形态比例的构成形式与许多自然形态趋同，但自然界的黄金比例，如海螺曲线等，并不是完美的黄金比例，只是接近于这种完美形态。我们在设计的过程中其实并不一定要遵循这些定律。在艺术的范畴，丑与美的概念因人而异，受众的审美倾向因产品而异，所以把握所设计产品的受众审美才是设计的关键。

几何绘画

拉菲尔·阿鲁尤（Rafael
Araujo）

参照黄金比例的几何公式，设
计的序列和比例

3.1.2 设计分割

在一个限定的空间内，将其切分成不同大小的空间，不同的空间呈现出不同的对比效果，大多数情况下平面设计的工作都是从这种分割开始的。在一个二维的空间中，如何进行分切和排布是作为一个设计师的基础能力，这种分割有两种形式，分别为显性和隐性。我们所能直观看到的画面中的分割空间为显性，而空间与空间直接所形成的呼应关系为隐性。我们把文字、图形等需要设计的元素排布进合适的空间，这遵循了一定的设计原则，不同的设计类型这些分切的原则是不同的，如书籍的分切与网页的分切，两者之间的信息媒介不尽相同，一种是纸，另一种则是屏幕。基于媒介的不同和受众的阅读习惯，我们在分割这些画面空间时将采用不同的构图方法。

▲ 封面设计

吉恩·米歇尔（Jean-Michel Verbeeck）

MOODFAMIILY

英国数学家布尔在 1847 年发明了处理二值之间关系的逻辑数学计算法，包括联合、相交、相减。在设计构成中基本的表现手法就是这三种形态，两个物体组成新的形态无非是这三种形态——并集、交集和差集。画面中形态的展现多适用于这种算法，将形态进行交叠所产生的构成结果可分为主体形态、从体形态和附体形态，而构成主体形态的元素可以是组合而成的，也可以是相减而成的。

还有许多带有一定逻辑性的分割方式，如等差数列、等比数列和斐波那契数列分割等，这些分割形式都遵循一定的数学逻辑，利用这些逻辑所分切出的构图会呈现秩序性的画面，在一些设计作品中可以加以应用，但是这些数学逻辑一定要正确地理解和使用，如果只是泛泛地加以罗列，往往会适得其反。

三分法

这是一种简单的设计分割方法，将画面从左至右或从上到下进行等量的比例分切，也可以将左右和上下的分切进行交叉，将画面的重点放在交叉的位置上。不同的区域之间存在着一定的内在平衡关系。

音乐逻辑

画面结构按着音乐的韵律节奏进行分割，这种带有规律性又具有一定变化的分割形式，同时还存在着一定的重复间隔，间隔之间的比例关系形成微妙的分割对比。

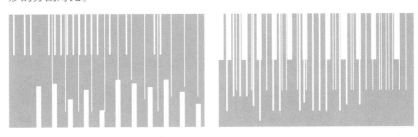

数学逻辑

以数学关系为比例基础，在任意形态的基础之上确立比例渐变关系，其依照奇数的比例变化或倍数比例变化等。

3.2 格式塔

格式塔是德文 Gestalt 的音译，主要指完形，即具有不同部分分离特性的有机整体。格式塔心理学（Gestalt psychology），又称"完形心理学"，是西方现代心理学的主要学派之一，其诞生于德国，后来在美国得到进一步发展。1912 年，德国心理学家韦特海默在法兰克福大学做了似动现象（Phi phenomenon）的实验研究，并发表了文章《移动知觉的实验研究》来描述这种现象。这一般被认为是格式塔心理学学派创立的标志。

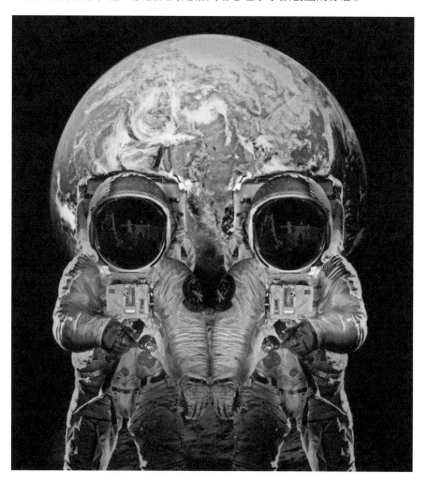

海报设计

图底原理

厄瓜多尔红十字会献血公益广告，使用了图底视觉原理

3.2.1 格式塔的基本要点

　　格式塔心理学作为西方现代心理学的流派之一，之所以被经常用于设计实践，主要是因为其中所隐含的视觉思维习惯，以及心理活动可以帮助设计师们了解受众的视知觉体验，从而促进对于设计内容的完善，以求其更符合心理学意义上的受众需求。

　　画面的统一性和完整性意味着设计元素的调和一致，元素之间存在着某些必然的联系，这些关联带有一定的隐喻性，如果元素之间相互不协调，这种关系就会被打破，画面就会显得破碎，失去了原本所要表达的意义。在设计的过程中，这些构成元素由设计师统一调配，视觉上的统一并不是元素之间的随意搭配，而是有意识地建立相互之间的关系，由受众完成对元素之间的完形。

1. 整体不等于局部之和。

我们对于某样事物的感知，并不是来源于感官的信息，而是基于我们对于此种事物的经验与印象。

虽然我们看到的是一段线，但是我们还是会判断这是一个圆形。所以完形就是虽然由局部组成，但并不是组成的整体就是局部成分之和。

2. 异质同构即格式塔的变调性。

局部在被改变的情况下完形仍然存在。同样是圆形，无论你使用什么材质绘制，最终其形态依然以圆形呈现。

■3.2.2格式塔心理学的视觉原理

　　格式塔心理学的视觉原理在某种形式上可以对设计视觉起到一定的启示作用，可以帮助设计师将受众的视觉引导向需要传达的内容和信息。

▲ 海报设计
Mane Tatoulian
完形视觉原理

1.完形原理。这是格式塔心理学的基本内容。人们在观察事物的时候倾向于完整的形态，如果事物不是完整的会下意识地将其"完形"。设计师往往利用这种心理作用设计出富有创意的画面效果，以吸引受众的关注。

2.图底原理。"图"指的是画面中的主体形象，而"底"则是用来衬托的背景。如果我们能识别图形和背景的区别，那么"图底"就是有效的。主体物体通常会是视觉的中心，设计师通过控制图底关系可以调整图形的主次内容，巧妙地将设计概念融入作品中，创造出赋予吸引力的画面效果。"图"与"底"之间的共存效果可以简化设计作品的结构关系，使之更容易被受众所辨识。格式塔心理学所隐含的视觉原理有很多，影响到了视觉设计的方方面面，深入研究其中的视觉原理并应用到设计作品中会得到意想不到的效果。

3.3 对称与平衡

  任何事物在某种程度上都在寻求一种稳定的状态，如果原有的状态无法保持则会发生变化，直至达到新的稳定。大部分的化学反应都是在一定外因的影响下，事物内部的结构变得不再稳定从而发生了改变。我们可以说得直观一些，扔一块石头在山坡上，石头停下来的时候就是它稳定的时候，无论是在滚动过程中被卡住，还是滚动直至山脚。

  "太极生两仪，两仪生四象、四象生八卦"，作为中国最原始的平衡符号，八卦作为一种神奇的符号文化，产生于中原地区，但其影响深远广泛，是中华文化的重要组成部分。八卦的图形结构处于一种稳定的平衡状态。

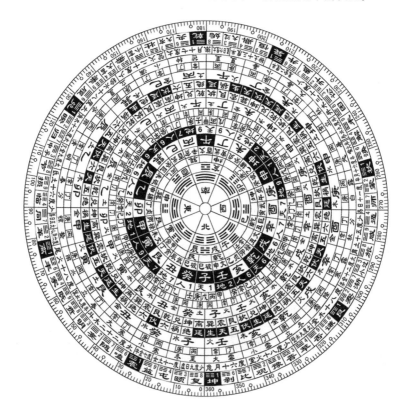

什么样的画面结构才被称为"稳定的状态"？这种视觉上的稳定有两种，分别为对称和平衡。自古以来人类就在寻求其中的道理并加以总结。物体的形态总是趋于平衡的，设计构成的原理无一不是建立在这一基础之上的，对于稳定性的追求从古至今在设计中一再体现，这种平衡的原则十分微妙。不同人文背景下对于平衡的概念理解不同，西方的平衡概念趋同于以中轴为基础左右对称，而中国的平衡概念更加趋同于互补。人在视觉上也在寻找这种平衡性，这是一种视知觉上的诉求，设计师可以利用这种平衡来完善画面的构图，或者通过打破这种平衡得到不一样的视觉体验。日本的传统图案"巴纹"类似于八卦纹，保持着一种内在的平衡，这种平衡不是简单的图形对称，而是结构上的平衡，巴纹的变化很多，但都依照于这种圆形的对称结构。

3.3.1 对称

　　对称是视觉感知中最基本、最永恒的法则，对称的形态最为常见的例证就是我们的身体，身体的左右是基本一致的，虽然由于生活习惯的不同会造成身体部位的轻微差别，但是大体上正常的人类身体是左右对称的。这种对称主要用来使生物保持身体平衡，而从视觉角度来说，人类更愿意接受对称的形状。毕达哥拉斯学派认为圆形是最完美的几何图形；因为从任何一个角度来说它都是对称的。

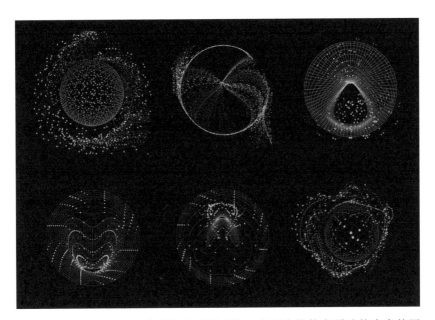

　　对称也可以分为完全对称和近似对称。中国古代的宫廷建筑大多使用完全对称，以衬托其威严与庄重。宫殿门口左右两边的石狮子为近似对称，虽然体积和形态基本一致，但造型和装饰却略有不同，以避免形式上的呆板。对称所形成的秩序感代表着一种平稳的恒定，这种秩序是其他形式美所无法替代的。西方对于对称的追求要远远大于东方，以十字架为代表的古代西方图形，传达出了对于对称性的崇拜，大多数欧洲徽章都是以对称形态出现的，正是因为这样的造型更为稳定和持久。

3.3.2 平衡

当构图中的视觉元素被和谐、稳定地安排在画面中时被称为"平衡"，平衡不同于对称，它并不需要图形或内容的完全一致。前面我们提到滚下山坡的石头在不停地追求这种平衡感，视觉平衡也是一样，当有一幅画挂歪了，你会本能地想去扶正它。人类对于视觉上的平衡尤为重视，我们可以尝试将你的计算机显示器倾斜 2° 左右，使用一段时间你会发现视觉上的不平衡会一直影响你的判断。

平衡的概念源于阿基米德在《论平面图形的平衡》一书中提出的杠杆原理，正如他那句名言所说："假如给我一个支点，我就能把地球撬动！"这个原理存在 3 个点：支点、施力点、受力点。这是物理学意义上的力学概念，而这样的原理同样适合视觉平衡。我们借助物理原理来判断视觉美感，这源于我们的经验积累，以及对于事物的基本物理属性的认知。

平衡的美感在于对立与统一的关系上形式的趋同性。不同的形状在力的作用下产生冲突和变化，这些显性和隐性的力相互作用最终达到趋同。这种辩证的平衡感使矛盾和变化归于统一，画面中相互的影响和制衡是美感的基础。对称的关系类似于天平，同质同体积的物体位于两边，支点在中间保持两侧的稳定。而平衡类似于杆秤，两侧的物体虽然不同质同体积，但由于支点位置更加靠近体积和重量较大一侧的物体，着力点的位置牵制了不同物体间的平衡，最终两者之间还是可以达到稳定的。

画面构图的过程中平衡性十分重要，我们可以通过添加元素从而达到物体之间的平衡感，也可以打破原有的画面和物体结构关系，使物体之间形成平衡牵制。

3.4 构图与骨骼

　　设计的语言可以将画面中出现的元素进行理性的分析，同时遵循视觉规律，从而引导受众的视觉方向，我们可以将画面中的基础元素进行简化和重构，不同元素的体积大小以及位置关系决定了画面的基本关系。强调的主体与周边对比元素的关系尤为重要，并不是在画面中体积较大的元素就会成为视线的焦点。

　　构图与骨骼是我们控制画面结构的基础，无论用哪种方式进行画面构成，都控制着画面的内容与位置的排列方式。骨骼的结构进行一致的重复将会类似于图案的形式，而现代图形的设计将会有更多的结构变化。

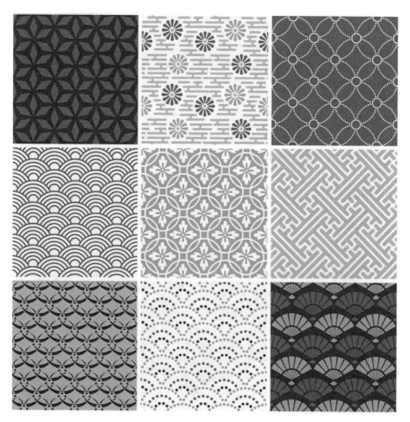

图形设计

卡特琳娜·斯捷潘潘年（Katerina Stepanenko）

20 世纪 80 年代风格

Geometric 80's style.

Vol.2

3.4.1 构图原则

　　立体主义画派对于视觉元素的分解与重构正是设计理念中的核心概念，脱离于自然形态的重构所带来的视觉的不同体验，这一表现手段逐渐完善，不同的组合形态在同一空间中表现出新的形式。分解与重构是设计构图中新设计形态的有效创建方法，判定新的形态是否符合美学标准是设计过程的关键。附属的形态随机产生，对于主体形态的影响显而易见，构图产生的形体主要以抽象结构为主，我们在设计过程中使用到的抽象结构元素可以拆解，但是也要遵循其本身的规律，如同文字我们可以将其拆解成一个个字母或字，但是人类的阅读习惯决定了我们重构时不同元素所在的位置必须按一定的规律排布，否则就会出现信息沟通上的错误。

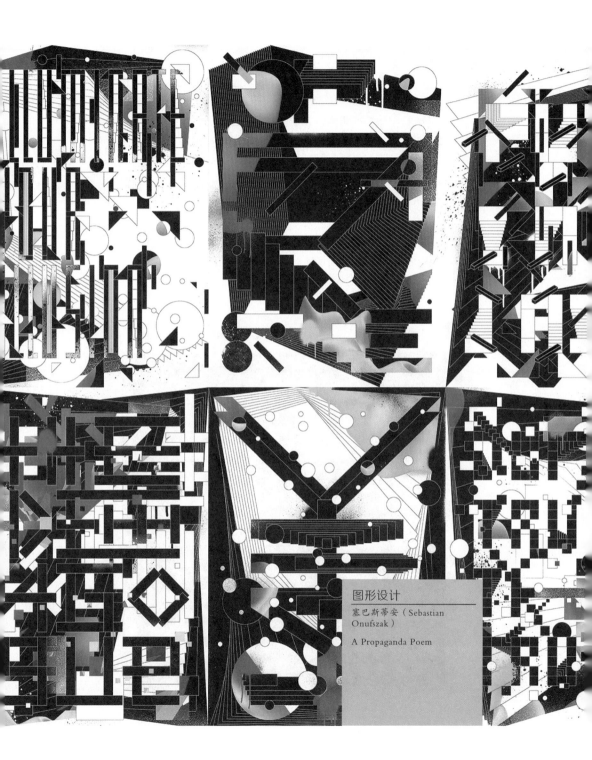

图形设计

塞巴斯蒂安（Sebastian Onufszak）

A Propaganda Poem

■3.4.2骨骼

　　骨骼是一种隐形的结构，人体的骨骼、建筑的结构和树木的枝干等都可以说是骨骼，它是画面中图形元素的基本秩序和法则。在二维的空间中骨骼支撑着形象组成的基本元素，设计师通过编排让视觉元素产生美感。骨骼大致可分为两类——规律性和非规律性。规律性的骨骼有渐变和重复；非规律性的骨骼为特异和聚散。但并不是说，除了这几种类型就不存在其他的骨骼形式，这四种形式具有一定的代表性，我们对于画面结构的安排都是在尝试对于构图和骨骼的调整。我们使用这些基本的抽象视觉元素或者将具象元素抽象化，安排在二维画面的不同位置，这包括画面中元素的对比、统一、节奏、韵律等结构变化，画面所传达出的诉求都是对于构图和骨骼的再现。

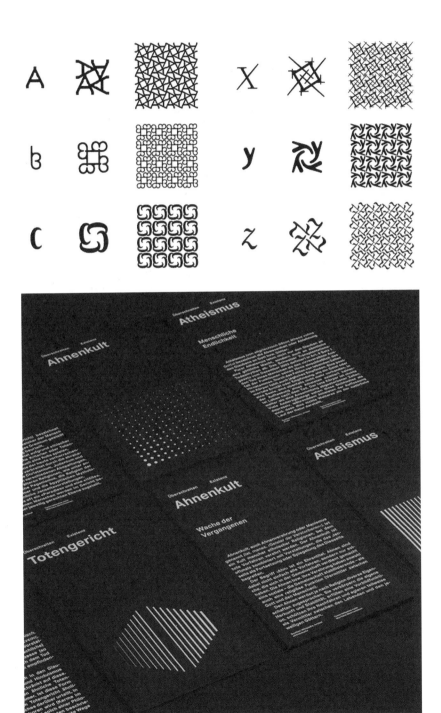

___Design a poster everyday

Design by Kamran Khan___

2017-2018

visual communication

3.4.3重复

　　重复是自然形态中没有的，但从另一种角度看，重复又是带有普遍性的。以人类为例，宏观来说人与人就是一种重复的概念，而每个个体又都是无法复制的，就连双胞胎也不例外。近似的物体形态其排列与秩序是构成新形态的基础，当基本型确定了，不同的秩序感会带给受众不同的视觉体验。重复就是对于相同的视觉元素进行重复、均等的排列和组织。

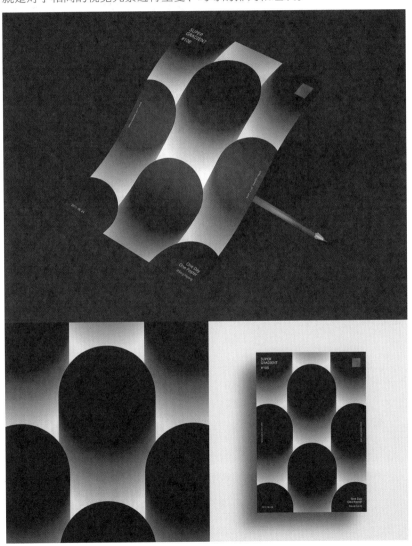

3.4.4 渐变

渐变就是将"重复"的元素进行有规律的变化，这种变化往往富有韵律。重复排列元素时，每一次的重复都适当地对大小和角度等参数进行微调，会得到带有节奏感的画面。我们对于骨骼渐变的认识来源于自然，湖面的涟漪和起伏的沙丘都有渐变的节奏感，这种节奏感的和谐与统一才能产生美感。

3.4.5 特异

在骨骼的基本结构中，对个别元素进行特征改变、突破规律、形成鲜明的反差就是特异。在平衡的基础上打破这一形态模式正是特异的表现手法，这种打破并不是对于平衡的破坏，只是将平衡的重心进行调整，特异位置的拿捏是产生平衡的关键，富于变化的新形态正是基于这种平衡设计构成的。

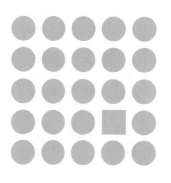

图形设计

徐楚凯

图形主题为"陌生",画面中间的元素不同于其他元素,周边的点都具有方向性,凸显了中间点与环境的陌生感

图形设计

徐楚凯

雨滴元素聚散排列，使用了不同的肌理与形式语言，产生画面的节奏感

3.4.6 聚散

相对于其他骨骼结构，聚散更富于变化，同样使用基本元素对其疏密、大小、轴心、方向等属性进行调整都会影响到最终画面的效果，而元素之间的平衡感是把握画面的关键。聚散这种形式语言需要一定的积累才能把握其中的分寸。

3.4.7 节奏

在视觉领域，人们经常使用音乐词汇来描述画面的结构，这种关联性比喻可以是明喻，也可以是暗喻。音乐的节奏可以引起人的共鸣，画面的节奏感也是一样的。节奏是一种基于重复的规则，画面中的元素按一定规则进行着具有一定跨度的重复，这些元素可能是相近似的，也可以有一定的变化。节奏在视觉领域可以引导人们的视线，在重复的对比与反差中找到秩序感。

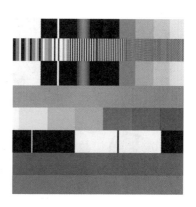

3.5 综合练习

　　对于骨骼的形式语言，在实际的设计应用中并没有特定的限制使用哪一种，大多数时候会使用多种语言形式，无论排布图形还是文字条理性的遵从并不是一成不变的，线条、方向、大小等都能带来动势的改变，从而在画面中体现出元素所需要传达的内容。这种动势可以使静止的二维图形产生视觉和心理上的驱动力，这种驱动力可以引导视线的方向，增强画面的节奏感和趣味性。重复的骨骼如同音乐的节拍，有秩序的重复是画面的基础，但是一成不变的元素将会导致单调与无趣，审美上也会产生疲劳感，画面中变化元素的位置和特征是设计表现的关键。

综合练习

第一阶段练习

使用点、线、面元素进行设计分割练习，使用三分法、音乐逻辑、数学逻辑等设计分割方法。对 8cm×8cm 的正方形画面进行分割构图训练，可以使用计算机软件进行辅助设计。

第二阶段练习

格式塔心理学的视觉原理主要表现的特征是什么？寻找符合其视觉原理的设计作品并进行分析。

第三阶段练习

寻找绘画、图案类等作品素材进行分析，阐述平衡与对称的不同，以及分析每幅作品的平衡与对称点位置。

第四阶段练习

使用相机，发现生活中的画面构成，对同一场景使用不同的构图方法组织画面效果，最终使用大面积的图形进行归纳，理解不同的视觉元素在画面中的构图作用，以及在空间中的相互关系。

骨骼综合练习

第一阶段基础练习

①使用一个基本元素，不改变其形状和大小，放置在 4 个 8cm×8cm 的正方形画面中；②使用同一元素，改变其形状和大小，共 3 个不同尺寸，放置在 4 个 8cm×8cm 的正方形画面中；③使用同一元素，随意改变大小和数量，放置在 4 个 8cm×8cm 的正方形画面中（每一个正方形画面都要有所不同）。

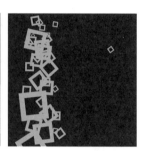

第二阶段骨骼练习

使用同一个元素，进行骨骼练习，重复、渐变、特异、聚散、节奏练习各一幅，分别放置在 8cm×8cm 的正方形画面中。

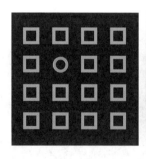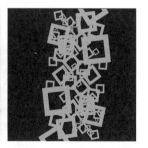

第三阶段应用练习

设计某一具象元素（铅笔、梳子、杯子、手表），进行综合训练，可以使用任意构成规律与法则。

PENCIL `72

THE FORM IS SIMPLE THATS WHY IT IS DIFFICULT TO CATCH

DETAILS BUT IT IS ONLY IF YOU LOOK ON IT NOT CAREFULL

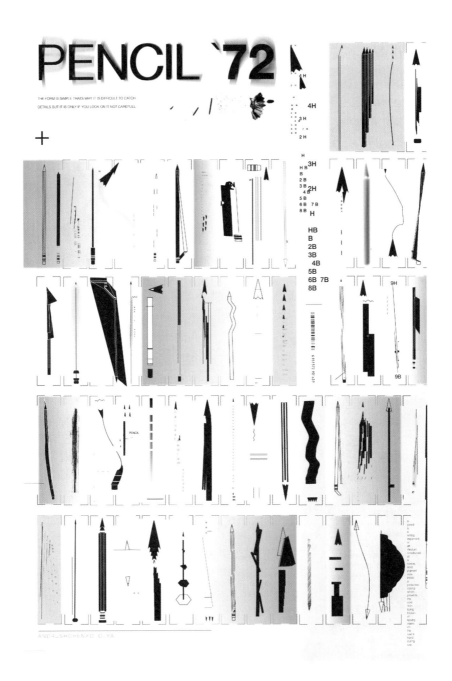

CHAPTER

04

色彩

我们的眼睛为什么能接收色彩？我们的大脑为什么能感知色彩？不同的事物为什么会有不同的色彩？这些都是生物学和物理学需要探讨的问题，本书所讨论的色彩是设计学意义上色彩，以及色彩在设计表现中心理、节奏、空间与情感等多种因素对于受众的影响。我们学习色彩知识是为了认识、归纳和整理色彩，以及如何合理地利用色彩，抽象的色彩概念不是我们讨论的范畴。色彩对于心理的作用和影响是一个非常大的概念，并不是简单的几个形容词能解释清楚的。在设计实践中，我们使用什么样的颜色都需要根据具体的情境进行搭配和调整，可以说色彩是设计师的语言中最为强大的和最具表现力的视觉元素。色彩吸引受众、聚合形象、深化内涵、传递情感、引起共鸣，合理的配色可以辅助设计作品传达出细微的视觉诉求。

□◁○‖‖ TWO DIMENSIONAL DESIGN‖‖

4.1 色彩的相关概念

　　色彩并不是设计师和画家所独有的，每个人几乎每天都在和色彩打交道，有时我们决定购买某样东西时，大部分因素是由于色彩。我们经常会被某样东西的色彩所吸引，这是人们生来就具备的特质。同样，我们对于色彩的认同也是不一致的，如果说一百个人心里有一百个哈姆雷特，我们在谈及某个颜色时一百个人就会对某种颜色有一百种认同感，例如黄色，有人认为是柠檬的黄色，有人认为是芒果的黄色。色彩所呈现出的表象极不稳定，随着环境的变化也会不断变化。作为一种有效的传播工具，没有其他元素能对我们的视觉产生如此强烈的影响。当牛顿第一次透过三棱镜看到不同的颜色时就为我们打开了一扇门，一扇认识色彩的大门。我们说有彩色系的颜色具有 3 个基本特性：色相、纯度（也称彩度、饱和度）、明度，在色彩学上也称为色彩的三大要素或色彩的三属性。除此之外，在照明光学中还有一个"色温"的概念，色温是可见光在摄影、摄像、出版等领域具有重要应用意义的特征。这四个基本要素构成了设计学范围对于色彩属性的定义。

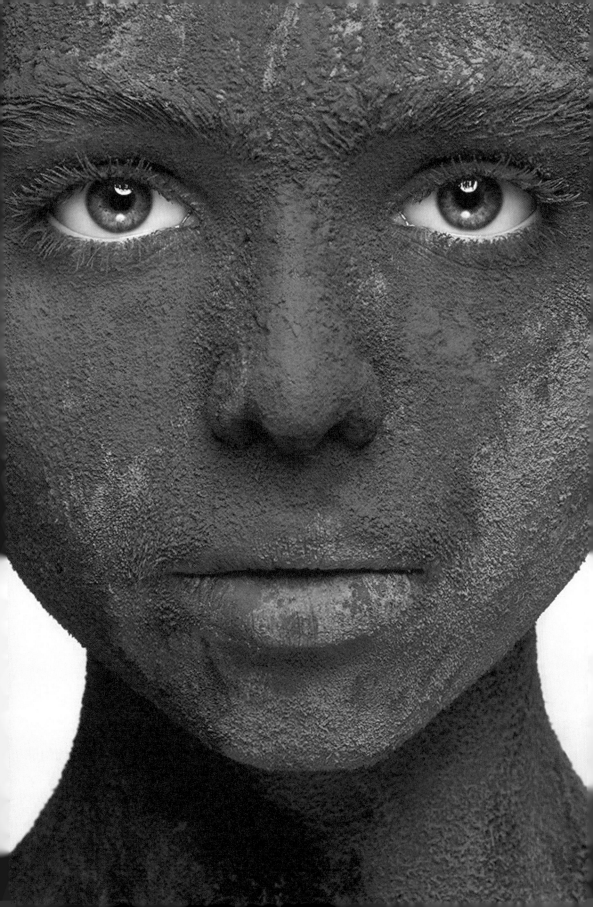

4.1.1色相

　　色相是每种色彩所独有的特点，由不同的可见光波长组成。色相是一个绝对值，视觉上用于区分不同的色彩。色相是决定画面色彩基调的关键，不同色相间的对比关系决定了画面的主体颜色和辅助颜色。将一种色相混入白色或者黑色只能引起明度、饱和度的差异，但是同样的色相是波长决定的，波长的差异才是色相的差异。

4.1.2色温

　　色温是照明光学中，用于定义光源颜色的物理量，即把某个黑体加热到一定温度，其发射的光的颜色与某个光源所发射的光的颜色相同时，这个黑体加热的温度称为该光源的颜色温度，简称"色温"。其单位用K（开尔文）表示。一些常用光源的色温为：标准烛光为1930K；钨丝灯为2760~2900K；闪光灯为3800K；电子闪光灯为6000K；蓝天为10 000K。同样的颜色在不同的色温状态下拍摄出来的颜色是不同的，所以拍摄期间对色温的考量、设定以及调整就显得非常重要。无论你是使用传统相机，还是数码相机或摄像机，都必须重视色温的变化。

4.1.3 饱和度

　　饱和度是以灰度来衡量色彩的纯度，最大饱和度的色彩不存在灰度，饱和度低的色彩则是以灰度不断增加而得到的。同一色调从零到纯色的色彩变化可以显示色彩的饱和度，这是对一个色彩的浓度、纯度或所含有的灰度的度量。颜料中红色的饱和度是最高的，而蓝色则是纯度最低的颜色。由于视觉的错觉，在不同的颜色衬托下，色彩的饱和度看上去也会显得不同。任何一个色彩加入黑或者白都会降低其饱和度，混合得越多饱和度就越低。人眼在正常情况下对于红色光波相对敏感，而对绿色光波相对迟钝，所以看上去绿色的饱和度就显得低，这也是为什么看到绿色时人眼会觉得很舒服的原因，这些因素在设计时也会体现出来。

■4.1.4明度

　　明度就是色彩的深度，明度变化可以通过在色彩中加入不同程度的白来实现。色彩所展现出的明度对比并不是由色相决定的，在绿色的树丛中站着一位红衣少女，如果将画面变成黑白模式会发现红衣并不能与绿色的树丛产生强烈的对比。在设计的过程中只通过改变明度关系来调整色彩的对比和形象的塑造是不够的，使不同色相之间的明度差异产生对比才能体现出色彩的魅力所在。明度最适合表现物体的立体感和空间感，因为明度越高的色彩反射率越高。

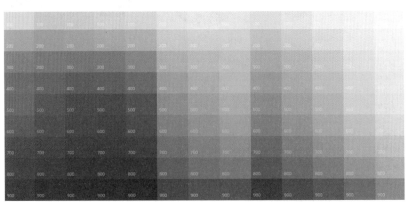

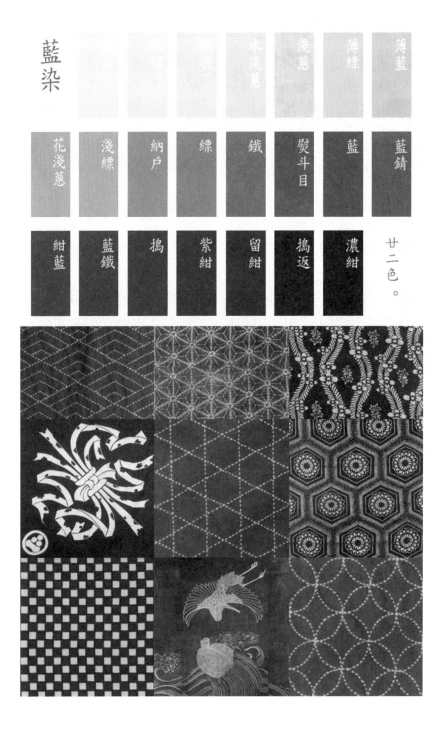

藍染

白 | 月白 | 甕覗 | 水淺蔥 | 淺蔥 | 薄縹 | 薄藍

花淺蔥 | 淺縹 | 納戶 | 縹 | 鐵 | 熨斗目 | 藍 | 藍錆

紺藍 | 藍鐵 | 搗 | 紫紺 | 留紺 | 搗返 | 濃紺

廿二色。

4.2 认识色彩

我们了解了色彩的基本概念，接下来就要对色彩的一些与设计相关的内容进行深入讲解，这涉及了对设计色彩的一些基础理论的认识。设计色彩的应用规律不同于色彩研究本身，对于色彩的设置要区分不同的媒介。对于设计的应用来说，现在的一部分设计仅在荧屏上进行展示，从设计到最终展示全程无纸化操作。设计配色的规则也并不一定拘泥于固有的配色方案，在使用的时候也要根据设计项目的具体需求进行调整，这主要参照客户、受众和内容等相关因素，对具体的设计项目进行具体分析。

4.2.1 有彩色和无彩色

　　彩色是指红、橙、黄、绿、青、蓝、紫等颜色。不同明度和纯度的红、橙、黄、绿、青、蓝、紫色调都属于有彩色系。有彩色是由光的波长和振幅决定的，波长决定色相，振幅决定色调。无彩色系是指白色、黑色和由白色和黑色调合形成的各种深浅不同的灰色。由无彩色所组成的画面有着较强的立体空间感，但把有彩色转换为无彩色的时候，需要注意不同色彩的明度差异，不同的颜色在有彩色的画面中会有鲜明的反差，但是转换为无彩色后由于明度一致会造成视觉的差异。

▉4.2.2色轮

　　色轮（Colour Wheel）由12种基本的颜色组成。首先包含的是三原色（Primary colors），即红、黄、蓝。原色混合产生了二次色（Secondary colors），用二次色混合，产生了三次色（Tertiary colors）。色轮系统最早是由约翰内斯·伊顿（Johannes ltten）在20世纪初进行修正的。色轮的配色方法一直到今天还在被使用，配色的过程中色轮所指的对应位置并不十分严谨，如果使用化学颜料进行混合得出的结果往往较为灰暗，而数字化时代加色系统并不能与色轮的角度完全对应。色轮对于我们理解配色原理有着指导性的作用，但是搭配色彩是主观感受的结果，所以色轮并不是我们配色参照的唯一标准。

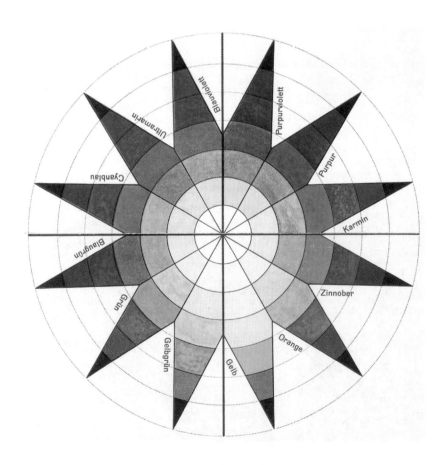

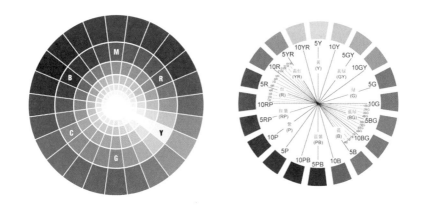

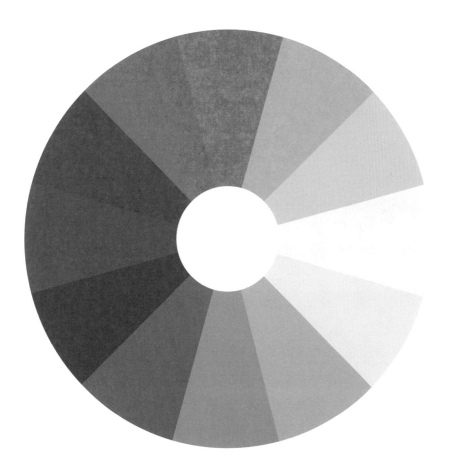

■ 4.2.3 三原色

　　最基本的红、黄、蓝三种颜色被称为"原色"（Primary colors）。原色颜色纯正、鲜明、强烈，而且这三种原色本身是调配不出来的，但是它们可以调配出多种色相的色彩。而针对工业标准，红、黄、蓝是组成白光的三种基本颜色，这三种颜色也可以被称为"加法三原色"。而青色、品红、黄色被称为"减法三原色"，主要用于四色印刷。色彩的复制主要基于人眼的三色成像原理，任意两种三原色混合就能得到一种减法三原色，任意两种减法三原色相加也能得到一种加法三原色，这就是制造彩色图像的分离程序所使用的色彩原理。

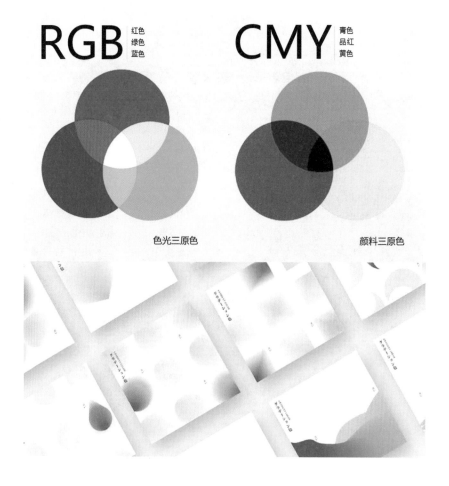

◼4.2.4间色

　　间色则是两种原色所混合出的颜色，如黄调蓝得绿、蓝调红得紫。复色则是将两个间色或者一个原色与一个间色进行混合得出的颜色。复色包含了三原色的成分，但其色彩纯度较低。尽管所有的色彩来源于光，但间色的混合取决于原色的来源，究竟是来源于光，还是来源于化学颜料。光的混合来源于照射，而颜料来源于反射。光的色彩混合是加色系统，而化学颜料则来源于减色系统。设计师需要注意的是使用的色彩是加色系统还是减色系统，在制作的过程中已经很少使用颜料进行绘制，所以在计算机上操作的过程，其色彩都是加色系统。

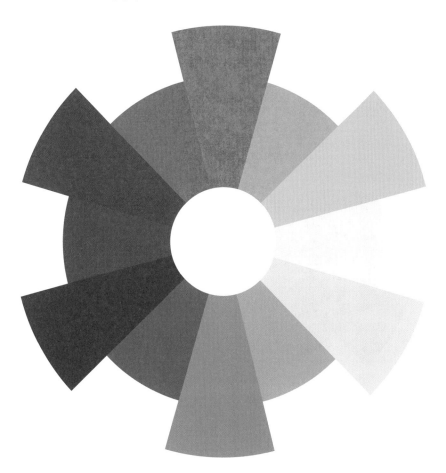

■4.2.5 补色

　　色轮上两种位置相对的颜色便是补色，两种颜色产生强烈的对比，设计实践中会经常使用到补色配色，用以加强两者之间的对比。在某种程度上，真正的补色只存在于理论层面上，补色混合在一起应该产生一种绝对的灰色。补色之间的对比是色彩对比中最为简单的对比关系，它们之间的鲜明对比可以激发强烈的冲突，引人注目。补色相互之间会呈现不同的前进与后退的视觉心理暗示，这种对比关系会形成一种互补，对心理平衡的诉求会得到一定的满足。

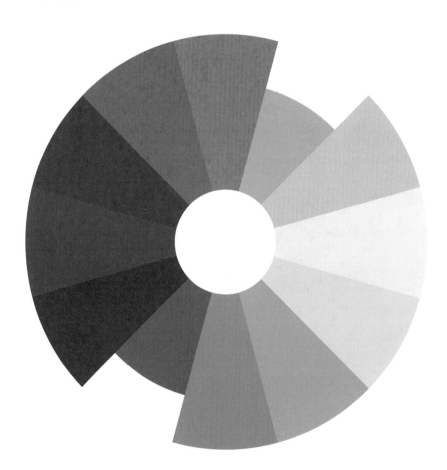

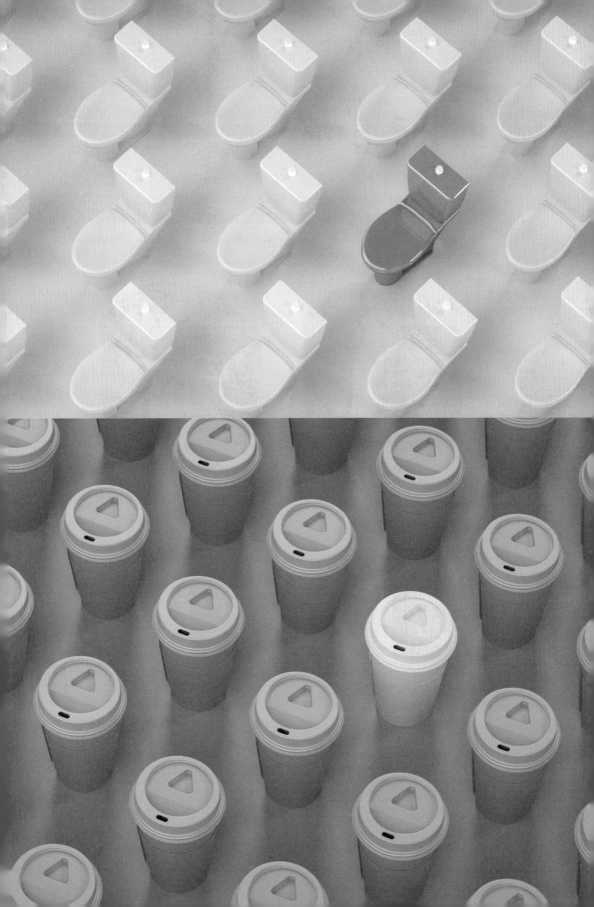

■4.2.6专色

　　专色是不能使用标准印刷的 CMYK 颜色模式合成的颜色，如荧光色、金色和银色等。对于印刷品的每一种专色，在印刷时都有专门的一个色版对应。设计师在使用专色时需要注意的是，在设计的过程中使用的专色色库的范围要大于传统的四色印刷的色库，将其转换为 CMYK 模式时，某些专色的颜色无法保真。

▲ 工业设计

Apple Watch of NIKE

　　NIKE 公司针对苹果手表推出的表带以及主题 APP 设计，其使用了荧光色（绿色）作为主体颜色

4.3 色彩的规则与标准

　　色彩是一门很复杂的学科，它涉及物理学、生物学、心理学和材料学等多种学科。色彩是人的大脑对物体的一种主观感觉，用数学方法来描述这种感觉是一件很困难的事。现在已经有很多有关颜色的理论、测量技术和颜色标准，但是到目前为止，似乎还没有一种人类感知颜色的理论被普遍接受。大部分色彩体系几乎提供了所有的色彩样式，拓宽了我们对于色彩表现的认识，这种色彩之间的对比关系用数据化的形式进行归纳，可以从中找出更多的内在联系并建立统一的标准。

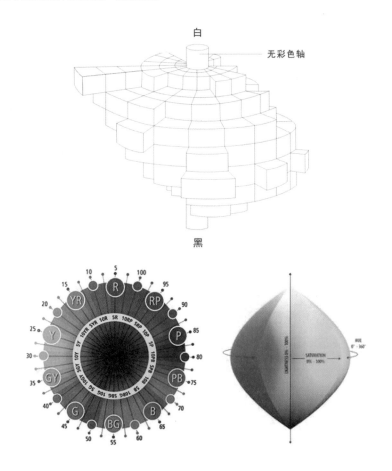

■ 4.3.1 国际色彩表色体系

MUNSELL 系统

1898 年由美国艺术家孟塞尔（A. Munsell）开发了第一个广泛被接受的颜色次序制，称为"MUNSELL（孟塞尔颜色）系统"，对颜色做了精确的描述，这是一个最古老的表色系统，其经历过了多次改进。孟塞尔颜色空间描述的所有颜色集合体称为"孟塞尔色立体"，孟塞尔色立体呈现出一个扭曲的偏心球体。MUNSELL 系统是目前色彩的交流领域使用最多的系统，也是美国官方色彩理事会使用的标准系统。

OSTWALD 系统

OSTWALD（奥斯特瓦尔德）色彩系统(Ostwald Colour Order System) 是德国的化学家奥斯特瓦尔德（Wilhelm F. Ostwald）依据色拮抗学说，采用色相、明度、纯度为三属性架构的以配色为目的的色彩系统。该体系中共有 30 000 个色标（100 个色相，每个同色三角形有 300 个色标），为了配色的实用性总计有 973 个色标。

PCCS 系统

PCCS（Practical Color-ordinate System）色彩系统是由日本色彩研究所研制的，系统以色调系列为基础。PCCS 体系是以 MUNSELL 体系为基础发展而成的，因为其等色相面均用不等边的三角形构成，色立体呈马蹄状。PCCS 系统有 24 个色相，并将心理原色、色光原色、色料原色不同的概念混同在一个体系中进行标定。该体系的最大特点是用综合色相与色调两种观念来构成各种不同的色调系列，所以 PCCS 系统对于一般的日常用色、简单的搭配有较显著的指导意义。

4.3.2 配色体系

数字化时代我们面对的色彩有很大一部分来源于屏幕，屏幕的色彩显示系统不同于印刷品，材质和成像系统的不同，使屏幕有着不同的色彩呈现方式。我们在显示器上所看到的色彩在印刷出来以后会出现细微的差别，这些差别主要是由于不同的色彩体系造成的。

RGB 体系

光的加法三原色，当红（R）、绿（G）、蓝（B）三种光色混合时会产生白光，在设计的过程中设计师倾向于使用 RGB 模式进行调整，一是由于文件尺寸较小，二是出版模式的改变，导致并不是所有设计作品都需要印刷出来。如果设计作品需要印刷，可以在完成作品制作后将其转换成 CMYK 模式。

CMYK 体系

青色（Cyan）、品红色（Magenta）、黄色（Yellow）、黑色（Key Plate）四色印刷的配色体系，使用减色三原色加上黑色可以调配出 PANTONE 体系 50% 以上的颜色。

PANTONE 体系

潘通（Pantone）配色体系是指在 CMYK 和六色模拟体系下印刷时所用的配色体系。同时还允许设计师使用色卡来进行配色，PANTONE 色卡配色系统为 PMS（PANTONE MATCHING SYSTEM）。潘通是享誉世界的涵盖印刷、纺织、塑胶、绘图、数码科技等领域的色彩沟通系统，已经成为事实上的国际色彩标准语言。世界任何地方的客户，只要指定一个 PANTONE 颜色编号，我们就可以找到他所需颜色的色样，可以避免计算机屏幕颜色及打印颜色与客户实际要求的颜色不可能一致所带来的麻烦。

4.4 色彩的搭配

　　色彩是设计作品的灵魂，即便使用材质本色制作出的产品，材质本身的颜色也是关键所在，而金属材质所反射的环境颜色也是作品的一部分，所以色彩的搭配对于设计作品来说至关重要。色彩的搭配并没有规则可言，我们对于色彩的心理暗示只能说是因人而异或因环境而异的。同样的黄色，在不同背景的衬托下，黄色的纯度会显得不同。

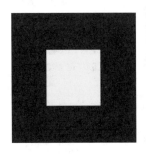  

　　当两个以上面积大小一致的色块，在不同的背景衬托下给人的感觉是不同的。在白色背景的衬托下，红蓝两色大小形状相同，红色的感觉离我们更近，面积也会显得大。为什么会有这样的情况出现呢？因为光波的长短会引起眼睛中晶状体进行自行调节，波长较长的红色会有前进感。同样地，明度越高的色彩所含的光量越大，对视网膜的刺激也就越大，也会使人产生夸大或者过分的判断。单色的搭配不同于多色搭配，多种色彩可以极大地强化视觉对于深度空间的感知制，造出层次分明的空间效果。

    事实上我们搭配颜色时都带有强烈的主观色彩感受，但设计不同于绘画，设计是不能将自己的主观感受作为唯一的标准去判定使用什么样的配色。当我们为别人形容一种颜色时，就是对一种事物整体的配色判断，800 多年前的赵佶梦见了雨过天晴的颜色，传下旨意："雨过天晴云破处，这般颜色做将来。"如果把这种颜色定位为一种特定的颜色，我们是无法体会别人对于色彩的感觉。在环境不同的情况下，我们所看到的颜色也是不同的，色彩对于人的心理影响是带有主观性的。

    物体看上去的轻重感有很大程度是由于物体的颜色和材质体现出的，色彩看上去轻的颜色会给人膨胀和软的感觉。相同条件下，明度低的色彩感觉会较重。同时色彩也会影响我们的情绪，色相是最影响情感的属性。红、橙、黄等颜色会令人兴奋并显得积极，蓝、绿、紫会给人冷静、消极的感觉。

单色搭配

使用同一种色相的暗、中、明三种色调来进行搭配就是单色搭配，单色搭配上并没有形成颜色的层次，但形成了明暗的层次。我们也可以将同样色相不同纯度和饱和度的色彩搭配在一起，由于色相统一所产生的色彩强弱对比较为平和，给人的感觉也会比较舒适。

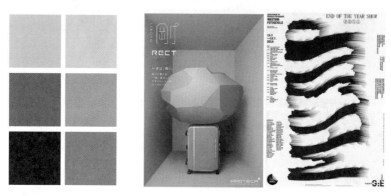

同类色搭配

在色轮上小于 30°的颜色称为"同类色"，同类色搭配会使画面显得协调和统一。色彩与色彩之间色相相差不大，画面会为某种色彩倾向的调子，如积极或者冷静。这样的配色适合于具有明显倾向性的产品设计基调。

明度搭配

比起饱和度与色相，明度的变化更能让人引起注意，对于物体的外形塑造至关重要。不同色相其本身的明度就有所不同，黄色的明度本身就比其他颜色要高，而红、绿两色明度差异就不大，当我们在搭配时将不同色相统一在一个明度基础之上，无论哪种颜色都不会显得非常突出，这种配色不适合需要引起别人注意的警示设计，而更多地适用于使人产生亲近感的产品，如婴幼儿用品等。

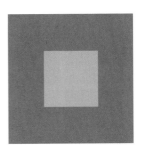

邻近色搭配

在色轮上大于 30° 小于 90° 的相邻颜色被称为"邻近色"。这种颜色搭配产生了一种令人悦目、低对比度的和谐美感。类比色非常丰富，在设计时应用这种搭配，同样可以让你轻易制作出不错的视觉效果。

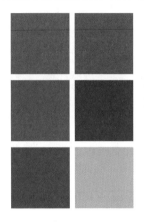

对比色搭配

在色轮上颜色之间与中心呈 120° 的夹角为对比色，可以是两种颜色也可以是 3 种颜色。对比色的搭配会经常出现在儿童产品中，但使用 3 种原色同时出现在画面中的情况已经很少见了。因为国旗的颜色会经常出现对比色，所以运动员的服装会经常使用国旗颜色进行对比色配色。对比色搭配由于十分醒目，所以在一些快餐店、加油站或公共场所会经常被使用。

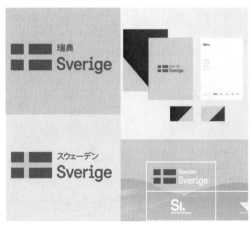

补色搭配

在色轮上直线相对的两种颜色称为"补色"。补色可以形成强烈的对比效果，传达出活力、能量、兴奋等意义。补色搭配时经常使用某一种颜色为主色，占画面的大部分内容，而对应的补色可以呼应主色，并与之产生对比。

4.5 综合练习

第一阶段练习

　　色彩提取练习：寻找一个城市的照片，从中提取具有代表性的颜色，总结出这个城市的主体颜色。使用这些提取的颜色做配色训练，放置在 4 幅 8cm×8cm 正方形的画面中。

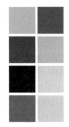

第二阶段练习

　　配色分析：寻找设计作品的配色，分别对应单色搭配、明度搭配、同类色搭配、邻近色搭配、对比色搭配、补色搭配，提取其中的颜色并加以说明。

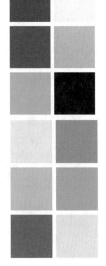

第三阶段练习

配色练习：使用同一视觉元素，进行单色搭配、明度搭配、同类色搭配、
邻近色搭配、对比色搭配、补色搭配练习。

05

视觉语言形态应用与表现

"理解设计的含义就是理解元素的造型与内容的传达，并且认识到设计也是注解，是主张，是观点和社会责任感。设计不仅是组合、排列和编辑，它要提升价值和含义，要阐明，要简化，要澄清，要修改，要突出，要改编，要说服，甚至可能要愉悦。设计既是一个动词，也是一个名词。是开始，也是结束。是想象的过程，也是想象的产物。"——保罗·兰德（Paul Rand）。相对于设计师的作品，其中的文字并不只是传达信息，同时也具备了抽象化的形态概念，其第一目的并非是为了通过文字传播必要的信息内容，就功能性而言，这种排版方式是"坏"的设计。换而言之，把文字作为图形元素用来表达设计意图，并兼顾设计信息的传达，这件设计又成了"好"的设计。

5.1 形与色的混合

　　"设计师的作品是否完美，不是取决于没有任何元素可以添加，而是没有任何元素可以删除。"——法国作家圣埃克苏佩里。设计所展现出的应该是每个元素之间相互协调统一，内在的逻辑是各个元素的完美契合，这种相互关联不仅是在形状、布局和体量的关系上，更深的层次是在其表达的理念关系上。画面中的形态就是设计语言的词汇，而这些形态的形成及其体量关系的构成是决定设计语言的关键。形态的本质是什么呢？"形态的本质是其自身的理化性质和生物性质的内在联系，是与一定的外在因素的相互作用的结果。其作用的结果产生了自然形态和人为形态。"人为与自然的形态趋同性都在于靠近某一稳定形态，物体之间的运动也趋同于稳定，画面的构成对于这种形态的稳定在不断修正。而设计正是对这种趋同性规律的集中表达，人们总结出空间中体量关系的形态构成规律，用特定的设计语言表达出建立于自然与人为之上的抽象形态。

◀ 图形设计

拉扎·朱尼尔 Lázaro
Júnior (Carpe)

Carpe Flyer Artwork.

排版设计
————————
塞巴斯蒂安（Sebastian Onufszak）

设计作为一种创造性的主观活动，这种创造带有设计师的主观意识，也具有社会人文的固化影响，设计需要什么样的设计语言，又需要什么样的形式来呈现出来，虽然都是设计师的主观意图，但这并不是没有规律可循的。这种能动性的创造不同于要求科学、严谨的计算结果，也不同于艺术完全建立在以美学为主的标准之上。设计构成中的形态搭配变化带给受众不同的主观感受，这种规则或不规则的形态变化是设计构成的基础，而形态语言的形成正是设计构成的主体内容。

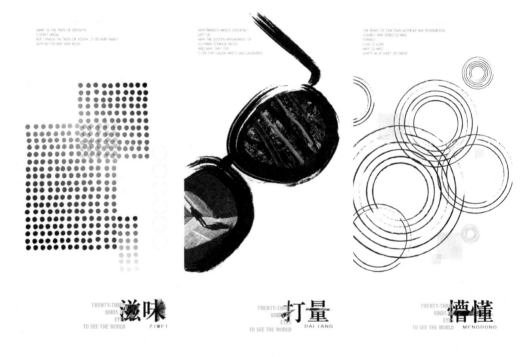

 图形设计

徐楚凯

使用图形和文字描述自己不同的感受与心情，使用单色作为辅助色彩

TWENTY-THREE
KINDS
EYE
TO SEE THE WORLD

迷惘
MIWANG

TWENTY-THREE
KINDS
EYE
TO SEE THE WORLD

寂寞
JIMO

TWENTY-THREE
KINDS
EYE
TO SEE THE WORLD

孤独
GUDU

TWENTY-THREE
KINDS
EYE
TO SEE THE WORLD

浑沌
HUNDUN

TWENTY-THREE
KINDS
EYE
TO SEE THE WORLD

寡语
GUAYU

TWENTY-THREE
KINDS
EYE
TO SEE THE WORLD

蹒跚
PANSHAN

-145-

海报设计

艾伦·皮特斯（Allan Peters）

Target 超市推广设计

使用 Target 超市的标志，配合图形和颜色进行主题设计

5.2 图文整合

　　设计的范畴不仅限于空间的尺度，形态的变化过程也带来了时间尺度的变化，时空的概念建立在四维的空间之上，这种基于人们主观感受的特性，是建立形态特征的基础。图文混排是对于形式法则的学习最好的总结，对一系列图形与文字的编排设计是作为一个设计师的基础，也是将作业状态下的学生习作，转变为具有实践价值作品的过程。这个过程涉及许多的形式法则的最基本问题，但我们也不需要墨守这些成规，但是在视觉元素有限的情况下，如何使用这些元素排列出具有视觉价值的页面，才是最为重要的。

图形设计

埃马努埃莱·塞拉（Emanuele Serra）

Printaly – The art of print

识别对于设计构成而言，是形态属性的首要因素，人们的完形心理趋向指示我们将形态竖立起来，而受众对于画面的完形结果存在差异性，设计构成的过程就是尽量避免这种差异的存在，引导受众进行心理完形，我们对于空间中体量关系的构成很大程度上都是在进行完形的过程。

▲ VI 设计

卢克·乔伊斯（Luke Choice）

HSBC World Rugby

Sevens Series

　　设计中元素的形态与内容的传达过程并不仅是将其组合排列，更重要的是提升其价值，并将其所传达出的感性结果加以明晰。我们如何去说服受众接受这种形态表现方式，这种接受并不是一个循序渐进的过程，由于设计主题的要求不同，其接受的时间限度也是有一定上限的。这其中的规则是建立在以往的设计经验之上的，而打破这一规则也是情理之中的事，对于某种特定的构成形式逐渐地被人们认同，当设计的表现中打破了这一平衡也会出现意想不到的效果，但其中的度是要靠设计师进行把握的。不成功的例子似乎要比成功的例子更多，但没有这种尝试，新的构成形态也不会出现，符合的模式也不会出现。我们的感官是对这些形态属性评判的唯一标准，个体差异并不是其中的阻碍，对于群体传播特定的信息与概念，在社会规则的约束下会自动修正。"情感只能是'观看'或'发现'的结果，而不是'观看'或'发现'的工具（或能力）。"当我们判定某个形态所产生的情感倾向时所做的是"只有理智才有的活动"。

图文整合中形态多以抽象的形式出现，在感知与思维之间抽象的形态建立起联系的基础，抽象的形态并非脱离了客观现实，也并不等同于客观现实。人们的判断形态所带来的情感影响具有一定的社会判断基础，不同的角度和思维方式得出的结论也是不同的。我们研究形态属性所表现出的特征有助于我们理解抽象图形与客观现实之间的关系，并引导我们理解设计的形态所给予受众的情感导向。

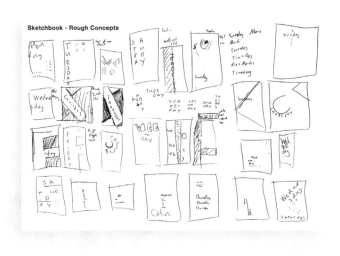

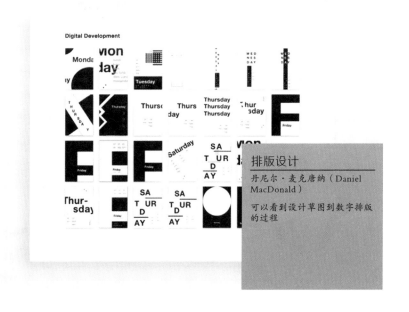

排版设计

丹尼尔·麦克唐纳（Daniel MacDonald）

可以看到设计草图到数字排版的过程

一般认为在传达信息时使用语言作为传递的工具，其实信息的传递是个多维的体系，包括手势、语气、表情都在影响着信息传递的效果，而这种传递效果所得到的结果如何，我们并不能确定。举例来讲，如果我们在大街上向陌生人问路，首先你会问他：到什么地方怎么走，如果对方没有反应，你会加强你的形体语言来加以补充，对方可以直接回答你，也可以用手势指明方向，而两者之间信息被传达出来的同时也被相互接受了。最大的问题在于，两者之间会出现信息传达的阻碍，使用什么样的语言形式表达，首先要分析主体与受众之间的关系，而作为设计语言也是一样，首先要分析设计所要传达的概念主体是什么，确定了主体就要针对其内容确定对方可以接受的表达形式，否则信息的传递就会不通畅。

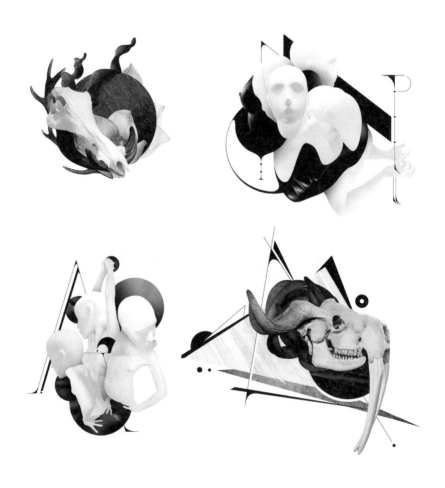

排版设计
亚历克斯·格布哈特（Alex Gebhardt）

Pixel Perfect a screen printed zine

1948 年美国数学家、信息论创始人克劳德·艾尔伍德·香农（Claude Elwood Shannon）提出了信息"熵"的概念，他把文字所携带的信息量排除了冗余后进行量化，如在中文信息处理时，汉字的静态平均信息熵比较大，中文是 9.65 比特，英文是 4.03 比特。这表明中文的复杂程度高于英文，反映了中文词义丰富、行文简练，但处理难度也大。同时信息熵大，意味着不确定性也大。我们在使用设计语言时也面临这样的问题，语言中传达的信息量越精确，所涵盖的表现性就会逐渐削弱。设计语言中主要包含自然的形态语言、人文的形态语言，以及由这两方面所提炼出的抽象形态语言，而设计师需要经过经验和学习的积累，逐渐熟悉和掌握这些形式语言，以及其相互之间搭配组合的方式。

排版设计

罗西奥·戈麦斯（Rocio Gomez）

Viudas y hu é rfanas editorial.

■ 5.3 综合练习

　　综合所学到的知识，以一个概念（情绪、家庭、旅行、自我）为主题，编排一本手册，使用各种视觉元素与表现手段，保持画面主题的一致性以及前后视觉元素的呼应关系，可以使用任何一种文字进行编排，理解文字与图形之间的结构关系，以及相互之间的比例关系。